Osprey Aviation Elite

オスプレイ軍用機シリーズ
57

# 第400戦闘航空団
ドイツ空軍世界唯一のロケット戦闘機
その開発と実戦記録

［著］
ステファン・ランサム
ハンス＝ヘルマン・カムマン
［カラーイラスト］
ジム・ローリアー
［訳］
宮永忠将

## Jagdgeschwader 400
Germany's Elite Rocket Fighters

Text by
Stephen Ransom
Hans-Hermann Cammann

大日本絵画

◎著者紹介
**ステファン・ランサム　Stephen Ransom**
サルフォード大学で航空エンジニアリングの学位を取得後、イギリス、ドイツの航空関連企業に勤務。イギリス、ドイツの航空史に興味を持ち、過去20年間、数多くの関連書籍を執筆している。とりわけ、本書でも共著者となったハンス＝ヘルマン・カムマンと共同執筆した"Messerschmitt Me163"（Classic Publication,2002,2003）上下巻は、Me163ロケット戦闘機について決定版とも言える大著である。

**ハンス＝ヘルマン・カムマン　Hans-Hermann Cammann**
19歳でMe163"コメート"に搭乗した経験を持つ、同ロケット戦闘機の研究家。1988年以来、ベルリンまたはバート・ツヴィシェナーンで毎年開催される第16実験飛行隊および第400戦闘航空団戦友会の会員でもある。第400戦闘航空団司令だったウォルフガング・シュペーテとの親交も厚く、その縁で、彼が同戦闘航空団の資料を管理することになった。戦後はドイツ連邦軍に奉職している。

**ジム・ローリアー　Jim Laurier**
ニュー・イングランド出身で、現在はニュー・ハンプシャーに在住。1974～78年をコネティカット州ハムデンのパイアー美術学校で過ごし、首席で卒業後は、職業画家、イラストレーターとして活躍。2000年以降、オスプレイの航空機関連書籍にイラストを描くようになり、本書でもその実力を発揮している。

カバー・イラスト／マーク・ポストルスウェイト
カラー塗装図／ジム・ローリアー

## カバー・イラスト解説

　1944年9月11日、第8航空軍はルールラント、ベーレン、ブルー、ケムニッツを空襲した。10個コンバットウイング、B-17参加機数384機による攻撃である。これをP-51戦闘機275機が護衛する。空襲目標の上空の天候は曇り。攻撃は1149時、メルゼブルクの南40kmに付近で始まった。ルールラント、ブルー、ケムニッツへの空襲は1223時、高度7500～8200mで行なわれた。ベーレン空襲は1215時に始まっている。作戦を終えたB-17は、1359時に、目標エリア西方に設定した再集結地点に向かう。

　ルールラント爆撃に向かう一群からは、最大10機の爆撃機がブランディスの南上空を通過した。ルールラントへの飛行経路は、帰路よりもかなり南寄りになる。ところが1機だけ例外があった。第3爆撃師団、第486爆撃航空群の1機の針路が北に逸れ、よりにもよってブランディス飛行場の真上に迷い込んでしまったのである。1./JG400のクルト・シーベラー伍長は緊急出動の様子を覚えている。

　「2度目のパワー発進を終えて、フランツ・レースル中尉が私に尋ねたんだ。今日、君はすでに2度も飛んでいるが、3度目も行けるかね。私は"白の2"に乗って飛び立った。頭上にはドレスデンに向かう爆撃機の編隊からはぐれて、飛行場の真上に迷い込んだ1機が見えた。急ぎすぎたせいで弾着のまとまりが悪かった。そこで今度こそ命中させようと、滑空しながら接近したが、これも失敗してしまった。3度目の挑戦、今度は右翼付け根付近のエンジンに命中して、敵は煙を吹きはじめた。さらに機体を横滑りさせて、4度目の射撃では右翼エンジンと胴体の間に狙いを定めた。2名の乗員が飛び出し、降着装置が降ろされるのが見えた。指揮所からの無線が聞こえてくる。《帰投せよ。敵機は墜落しつつある》ロベルト・オレイニク大尉は、飛行場上空を飛びながら、翼を振るように求めてきた」

　犠牲となったB-17は、ブランディスの西北西5kmにある小村ボルスドルフの近くに墜落、炎上した。飛行場に連行された生存者3名がシーベラーと面会することになったのだ。シーベラー機は1236時から1250時にかけて飛行していた。攻撃に使われた乗機Me163Bは、MG151機関砲を搭載していたが、おそらくこれはハンス・クレム軽飛行機工業製の機体で、ベブリンゲンからヴィトムントハーフェンに送られ、1944年7月にブランディスの1./JG400に引き渡されたものだろう。

## ■凡例

### 単位諸元

原書の度量衡表記単位はマイル、ヤード、インチ、ポンド表記を用いているが、本書では読書時の利便性を考慮して、基本的にはメートル、キログラム換算に統一している。その際は、以下の換算表に準拠し、厳密を要さない数値については適宜、端数を調整している。

・長さの単位
　インチ　　　2.54cm
　フィート　　30.48cm
　ヤード　　　0.91m
　マイル　　　1609m/1.6km
・重量の単位
　ポンド　　　0.45kg

### ドイツ空軍（Luftwaffe）

第2次世界大戦当時のドイツ空軍における、編制上の柱となる戦闘航空団である。戦闘航空団は約40機からなる飛行隊3～4個で編成され、各飛行隊には3個飛行中隊と司令部小隊が割り当てられるのが通例だが、Me163"コメート"運用専門の第400戦闘航空団は2個飛行隊編制より大きくはならなかった。

Jagdgeschwader　戦闘航空団（JGと略記）
Gruppe　　　　　飛行隊（ローマ数字で略記）
Staffel　　　　　飛行中隊（アラビア数字で略記）
Stab.　　　　　　飛行隊の司令部小隊
Erg.St.　　　　　練成飛行中隊

例）
1./JG400　→　第400戦闘航空団第1飛行中隊

また、各種航空団その他の部隊略号の意味は以下の通りである。

EJG　　　　　練成戦闘航空団
EKdo16　　　第16実験飛行隊
KG　　　　　爆撃航空団
KGzbv　　　　特殊任務爆撃航空団
LLG　　　　　空挺航空団
NJG　　　　　夜間戦闘航空団
SKG　　　　　高速爆撃航空団
StG　　　　　急降下爆撃航空団
ZG　　　　　駆逐航空団

### アメリカ空軍

第一次世界大戦当時、アメリカ軍主力空軍は「陸軍航空部隊（Army Air Service）」としてスタートしたが、1926年には陸軍内で格上げされて「陸軍航空軍（Army Air Corps：USAAC）」となり、1941年6月には「Army Air Forces」へと拡大再編成された。これが「アメリカ合衆国空軍（United States Air Force）」へと昇格したのは、戦後、1947年のことである。次のような原則にしたがって訳語をあてた。

Bommer Group　　爆撃航空群
Fighter Group　　戦闘航空群
Squadron　　　　中隊

## ■勲章

本書に記載されている勲章の略称は次のとおりである。
イギリス軍
　DFC：空戦殊勲十字章
　DSO：空戦殊勲章
ドイツ軍
　EKI　……　一級鉄十字章
　EKII　……　二級鉄十字章
　RK　……　騎士十字章
　EL　……　柏葉付騎士十字章
　DK　……　ドイツ十字章
　EP　……　空戦名誉杯

## 目次 contents

| | | |
|---|---|---|
| 6 | 1章 | **Me163コメートの誕生**<br>Me 163 EVOLUTION |
| 28 | 2章 | **1./JG400　第1飛行中隊**<br>1. STAFFEL / JAGDGESCHWADER 400 |
| 44 | 3章 | **2./JG400　第2飛行中隊**<br>2. STAFFEL / JAGDGESCHWADER 400 |
| 56 | 4章 | **I./JG400　第Ⅰ飛行隊**<br>I. GRUPPE / JAGDGESCHWADER 400 |
| 96 | 5章 | **II./JG400　第Ⅱ飛行隊**<br>II. GRUPPE / JAGDGESCHWADER 400 |
| 108 | | **付録**<br>APPENDICES |

## chapter 1
# Me163コメートの誕生
## Me 163 EVOLUTION

　技術的に見ると、Me163は空気力学面で後退翼、無尾翼の機体構造を取り入れ、推進力として液体ロケットエンジンを採用した、高速ロケット機開発の先駆者である。だが一方で、Me163の試験飛行が始まったとき、その高速性能の象徴である後退翼はまだ風洞実験で効果のほどが調査されているという未完成な状態でもあった。この飛行機は1941年10月の試験飛行で時速1000㎞の壁を越えた。非公式記録扱いではあったものの、この記録を破ったのはMe262ジェット戦闘機で、それも1944年のことなのだ！　また、Me163の運用には爆発の危険性が極めて高い推進剤の貯蔵と取り扱いを必要とし、パイロットは飛行時に特殊な防護服を着用しなければならなかった。それ以外にも、高々度訓練飛行や無線誘導航法、敵機への地上迎撃管制などの確立を急がねばならなかった。

　ロケット迎撃戦闘機Me163は、アレクキンダー・リピッシュという設計者、航空力学者を得たことで、航空機として生を受けることができた。彼と一緒に働き、その人柄をよく知る者は「リピッシュは意志堅牢な人物だった。自らのアイディアに対しては、実際に試して答えを得るまでは納得しようとしなかった。チームの仲間との関係は極めて良好だった。しかし、彼と一緒に働くのは、時にとても大変な事だった。彼は芸術を好み──音楽や絵画をたしなんでいた。彼の興味関心は多岐にわたる。彼のチームにいるときは、常に信頼が問題となり、信頼は"互恵的"な関係をもたらす。それを踏まえ、計画や作業効率を改善し、利益につながる良い変化をもたらそうとしても、彼を説得するのが困難だったこともたびたびあった。しかし、総じて我々はリピッシュと極めて良好な関係を保っていたのだ」と回想している。

　さらにリピッシュの性格について深く踏み込むには、ロケット推進航空機の設計に着手した当時の彼自身の言葉を知るのがよいだろう。1937年の出来事を、リピッシュは自らの転機として次のように述べている。

　「この時、我々（DFS：ドイツ滑空飛行研究所）はドイツ航空省（RLM）研究局長のアドルフ・ボイムカー博士と、彼の助手であり組織責任者のヘルマン・ローレンツ博士の配下に入っていた。ローレンツ博士と私の関係は良好ではなく、計画は慢性的に遅れがちだった。しかし実際のところ遅れは私の過失ではない。私は新しい知識を受け入れ、さらに改良する能力ににに長けていたのだが、当然それは、調査局が重視するような物事が整然とした枠組みの中に収まる方法とは、手法が違っていたのだ」

　1937年秋、ローレンツ博士は、プロペラ駆動の実験検証機DFS194の進捗を視察するために、ダルムシュタットのドイツ滑空飛行研究所にやってきた。この時、博士はDFS39（デルタⅣc）も披露されている。ローレンツ博士がどちらの飛行機が優れているのかとリピッシュに尋ねたところ、

沈思黙考しているアレクキンダー・リピッシュ。1909年、ベルリンのテンペルホーフで、オーヴィル・ライトによる飛行機のデモ飛行を見たことが強烈な体験になって、航空学に興味を持った。彼にはいくぶん放浪癖があり、第1次世界大戦ではロシア戦線で航空偵察写真から地形図を作製する任務に就き、戦後は事業を興していた。そして1921年にヴァッサークッペで仕事をしている間に、無尾翼機の信奉者となっている。1925年にはヴァッサークッペのレーン・ロシッテン協会の技術部長となり、シュトルヒやデルタというシリーズ名で知られるグライダー、モーターグライダー、軽飛行機を開発した。革新的な設計に身を投じる前は、比較的大型の航空機設計をいくつか経験している。1933年にはレーン・ロシッテン協会がダルムシュタットのドイツ滑空飛行研究所（DFS）に吸収されたが、リピッシュはデルタなどの開発研究を継続し、この間に、後のMe163に繋がるDFS194も開発している。1939年1月2日にはMe163の開発のためにメッサーシュミット社に移籍し、L局の局長となったが、1943年4月28日には同社を去り、ウィーン航空研究所の所長に就任した。しかし、リピッシュはメッサーシュミット社に顧問として籍を残し、Me163の開発にも関与を続けていた。（フリッツ・シュタンマー所蔵）。

訳註1：当時、ヘルムート・ヴァルターが開発に成功していたロケットモーターについて、航空省は航空機の離陸補助用ロケットとしての用途しか想定していなかった。しかし、これが無尾翼機のエンジンに適していると考えていたローレンツ博士は、プラットフォームとしてリピッシュが開発していたDFS39に注目したのである。

リピッシュは、この機体を元に作り直しができるならと前置きした上でDFS39を指さしつつ、新型エンジンに合わせ、機体後部と単座コクピットを最適化した別の機体を用いることを提案した。この時、リピッシュは推進装置としてロケットエンジンを使うことを明らかに意識していたが、後日、彼の希望はローレンツのオフィスの中で内密に認められた。"ジェット"推進による高速性能を見極める試作機に関する計画があったのだという［訳註1］。リピッシュには航空省の調査に沿うよう、DFS39の空気力学面での改良が求められた。この設計案はX計画と呼ばれて、"最高機密"に属するものとされ、まさにMe163の原点と呼ぶべき計画となった。間もなくリピッシュはベルリンに赴き、さらに航空力学の未知に挑戦するプロジェクトに関与する事になる。

　その契約はまず、空気力学設計だけでなく、翼の製造まで請け負うことをDFSに求めていた。胴体とエンジンはハインケル社の製作チームが担当するが、機体設計はDFSが担当するのである。情報秘匿のために設計事務所はDFSの外部に設置されることになる。防犯のために、同じ扉を幾つも設けて、決められた組み合わせでないと開かない銀行の扉と似たような仕組みが取り入れられた。この秘密に加わった人物は、リピッシュの他に、ヨセフ・フーベルト、フリッツ・クレーマーらが挙げられる。

デルタIVcにはDFS39という型番とD-ENFLという製造番号が与えられた。1936年からDFSに所属しているハインリッヒ・"ハイニ"・ディトマーは、1937年1月9日、グリースハイムにてデルタIVcの初飛行をした。この試作機はかなり長い間の使用に耐え（ディトマーだけでも、1941年8月24日までに230回も飛行している）、試験飛行だけでなく、乗客を乗せてさえいる。1939年4月19日にはメッサーシュミット社でリピッシュと合流し、テスト飛行にパイロットとして参加するために、デルタIVcでアウグスブルクまで飛行している。この機体での経験がピストンエンジンを搭載したDFS194の設計に影響したことは疑いない。(JG400 Archive)

プロジェクトには豊富な予算が与えられていた。この「X計画機」の風洞実験は、1938年の5月から7月にかけてゲッティンゲンで行なわれた。X計画機はDFS39から下反角のついた翼端を引き継いでいるが、胴体は空気力学的にずっと洗練されていた。ガソリンエンジンを搭載した実機サイズのDFS194を使った、安定性の確認と重心を確認する試験飛行がダルムシュタットで行なわれた。アーガス製エンジンが一瞬の間を置いて稼働した後、機体はよたよたと不安定な挙動を見せながら飛行した。機体は安定性の悪さが原因で危険な横揺れを見せていた。この不具合は、機体後部に垂直尾翼を装着することで解消したかに見えたが、今度は直進しかできなくなって、ライン－ニーデルンク方向へと飛び去り、視界から消えてしまった。ややあって、離れたところに落ちていたのを警官が発見している。ゲッティンゲンでの風洞実験でも、同じように不安定な横揺れが確認されていた。以上を踏まえ、翼端の下反角をなくし、同時に翼全体を上反角なしの一面翼に変えて、胴体に垂直尾翼を付けてみたところ、今度は満足の行く結果が得られた。

ロケット推進のDFS194の前身にあたる機体は、通常の航空機エンジンを搭載していて、1937年5月から1938年7月にかけて、ゲッティンゲンで風洞実験を行なっている。DFS39と同じプラットフォームを用いていたこのモデルは、電気モーターでプロペラを回転させる仕組みになっていた。また二翅プロペラと三翅プロペラ、両方が試験されている。（DLRゲッティンゲン）

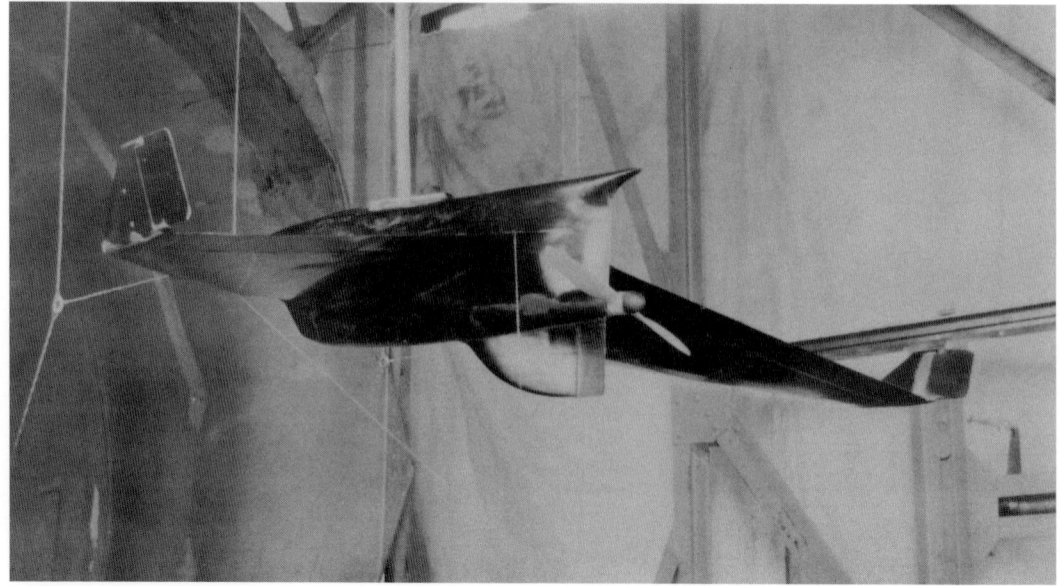

訳註2：He176は1939年6月20日に初飛行に成功した人類初の液体燃料式ロケット飛行機だが、設計思想が古く、ロケットエンジンの特性を活かし切れていなかった。ヒトラーやゲーリングが臨席する場でデモ飛行を成功させ上層部の歓心を引きはしたが、ロケット機の有用性を証明する説得力に欠けたために開発は中止となった。

　厳重な機密保持のもとに置かれた事務所での設計作業は、遅々として進まなかった。ハインケル社側の実働部隊が複雑な手続きに縛られていたこともあり、現状がプロジェクトに良い影響を及ぼすとは考えられない。加えて、この頃のハインケル社の関心はジークフリート・ギュンターらが主導しているHe176に注がれていて [訳註2]、X計画には大きな進展が見られなかった。

　ややあって、ヴァルター・ゲオルギー博士とフリッツ・シュタマー（リピッシュの義理の兄弟）はDFSをダルムシュタットからブラウンシュヴァイクに移転する計画を持っていた。ところが、この計画にリピッシュも賛意を示した頃、無尾翼機の研究が中止となってしまい、スタッフも異動になることが判明したのだ。リピッシュは狼狽した。軍用機として無尾翼機を採用する予定はなく、急いで研究する必要性もないと告げられたからだ。

　DFSでのリピッシュの仕事には、将来性に繋がるような外部からの援助の見込みもなかった。背に腹は代えられない。リピッシュは最良のスタッフを連れて航空機会社で働く道を探そうと決めた。最初にハインケル社、

ゲッティンゲン航空力学研究所の風洞施設では1938年5月から7月にかけて2種類のX計画機の試験が行われた。上の写真はDFS39に類似している「X計画機I型」で、胴体後端と一体化した垂直安定板を持ち、主翼端には下反角をもった小翼が付けられている。下の写真は「X計画機II型」で、翼端の下反角をなくし、垂直尾翼を追加してる。どちらも主翼にはかなりの上反角が与えられ、後退翼になっている。X計画機は風洞実験に供され、DFS194の開発に大きく貢献した。
（DLRゲッティンゲン）

次いでメッサーシュミット社との交渉が始まり、最終的に、リピッシュとDFSのスタッフ13名が、1939年1月2日からアウグスブルク-ハウンシュテッテンにあるメッサーシュミット社に勤務することが決まった。同時に、社内にはリピッシュの頭文字から取ったL局が創設されることになる。彼らの研究は最高機密扱いとなり、その内容を正しく知るのはメッサーシュミット博士と、その助言者であるヨアヒム・シュメーデマン、そしてL局のスタッフだけという特別扱いを受けることになったのだ。

L局が開発する新型機は163Aという開発番号を得たが、これは外向けには実験製作室で組み立てられている機体だと誤認させるための措置である。この時、同社ではフィーゼラー社のシュトリヒ連絡機と競合することになる低速機Bf163の開発に力を入れており、シュメーデマンは、L局の仕事を欺瞞するために、この機体とのミスリードを狙ったものと思われる。Bf163には3種類のプロトタイプ機が計画されていて、うち1機は完成していると信じられていたが、この機体は要求性能を満たしていなかった。そうした背景から、L局の163Aの存在はBf163の改良版と思わせるのにうってつけの開発番号だったのだ。結果として、L局の最初のプロトタイプ機はMe163AV4（V4：試作4号機）[訳註3]と命名されることになった。

ところが163Aの開発は不調続きだった。エンジン推力が計画当初の400kgから750kgに向上することが決まると、最初の設計案は廃棄を強いられ、図面の引き直しが必要になった。エンジン以外のすべての製造はメッサーシュミット社が担当することになり、胴体と主要部材はアルミニウム製、翼は木製とされた。ロケットエンジンはキールのヘルムート・ヴァルター社が供給することになっていた。

リピッシュがDFSを去るとき、ヴァルター・ゲオルギー博士はメッサーシュミット社にDFS39とDFS194を譲渡する事に同意したが、その時点では両機とも未完成であった。リピッシュの関心は、当時ほとんど知られて

訳註3：Me163シリーズの生産数は300機〜600機と資料によりまちまちで判然としないが、ロケット飛行検証機DFS194の改良型である163A型と、実戦運用を想定して武装を搭載し、推進剤タンクを増設したB型の試作型163BV、合計70機については詳細がかなりわかっており、本書での主題ともなっている。

2機用意されたプロトタイプ機の1機、ロケット推進のDFS194が、ペーネミュンデの空軍実験飛行場に送られる前に、アウグスブルクで組み立てられている場面。もう1機のプロトタイプの行方は不明である。1939年7月28日、ディトマーの操縦でDFS194は初の牽引飛行に臨み、同じ日のうちに行われた2度の追加飛行のうち後半では9分間の飛行時間を記録した。8月4日から5日にかけても、ディトマーはDFS194を飛ばしている。ディトマーの飛行日誌に残るDFS194に関する記録はこれがすべてである。ディトマーはペーネミュンデにおけるDFS194ならびにMe163の試験飛行については、何も書き残していない。（JG400 Archive）

いなかったロケットエンジンの能力と、それが航空機の飛行特性にどのような影響を与えるか知ることに注がれていた。ロケットエンジンを搭載した特殊設計のDFS194の試験をペーネミュンデで実施したのも、ロケットエンジンの経験を得るためである。この時の機体は高速飛行に向いた形状ではなかったが、推力400kgのロケットエンジンなら飛行するには充分すぎると見なされていた。

　ところが、1939年9月1日に第2次世界大戦が勃発すると、Me163Aの開発は戦争に貢献する度合いが小さいと見なされ、L局の作業ペースは低下することになる。DFS194の改修は大幅に遅れ、製作部の人員も減らされる。1939年の秋のうちに、DFS194はペーネミュンデに移され、1940年11月30日まで試験飛行用の機体に使われたのである。操縦はすべて"ハイニ"・ディトマーが担当していた。

　ところが前年とはうって変わって、1940年にはMe163Aが設計、製造の両面で大きく前進することとなる。Me163AV4がアウグスブルクで最初に曳航飛行したのは1941年2月13日だが、キールのヘルムート・ヴァルター社からのエンジン納入が遅延したために、最初のエンジン飛行は8月までずれ込んでしまった。それでも、開戦直後にはHe176の試験飛行停止を決めたエルンスト・ウーデット上級大将は、DFS194の試験飛行には許可を与えている。

　1941年夏、L局の試験飛行チームはペーネミュンデの宿舎に移動し、そこでついにヴァルター社のスタッフがMe163AV4にロケットエンジンを搭載した。それまで滑空飛行を幾たびも経験していたディトマーは、試作機の飛行特性を熟知していたので、初めての動力飛行は順調だったと言える。離陸した試作機は低空飛行しながら速度を上げると、一転、急上昇で4000mまで高度を上げた（離陸から4000mまでの到達時間は55秒）。操縦性能は素晴らしかった。そして1941年に達成した最大の成功は、ハイニ

ペーネミュンデ実験飛行場を飛び立つDFS194。1939年10月16日から翌年の11月30日まで、ペーネミュンデでは幾度となくDFS194の試験飛行が繰り返された。（EN Archive）

ハインリッヒ・"ハイニ"・ディトマーはヴァッサークッペのレーン・ロシッテン社に入社する前の1925年から1929年にかけての時期に、様々なドイツ国内の航空レースに参加できた幸運な人物だった。そして同社でグライダーのA／Bライセンスを取得すると、今度はグライダー競技にも活躍の舞台を広げ、高度と距離の二部門で世界記録を打ち立てている。1937年にはヴァッサークッペで開催された第1回国際グライダー選手権で世界チャンピオンに輝き、グライダー飛行部門でヒンデンブルク・トロフィーを授かる栄誉を得ている。1936年にはドイツ滑空飛行研究所のテストパイロットに就任し、1939年にはL局のテストパイロットとしてアウグスブルクのメッサーシュミット社に移籍した。彼はDFS194とMe163Aの最初のパイロットを務めた。1941年のMe163AV4試験飛行時には、世界で初めて時速1000kmの壁を破るパイロットとなった。この功績から、彼は正操縦士に昇進すると同時に、航空研究における功績が認められリリエンタール賞を賜った。ところが1942年にはMe163AV12の試験飛行中に重傷を負ってしまう。飛行任務に復帰したのは1944年のことだった。（EN Archive）

が時速1000kmを記録したことだろう。

　飛行機が時速1000kmを超えるあたりから主翼に発生する衝撃波を原因として揚力が減少し、風圧の中心は翼の後方に大きく移動して、機首を下向きにするモーメントが発生し、機首は前のめりになってしまう。この時、計測器によればマイナス11Gもの負荷が発生してしまう。ディトマーはすぐさまスロットルを引き戻したので、試験機の速度は低下して、コントロールを取り戻すことができた。ところが、こんな出来事があった当日の夕方には、アスカニア製経緯計測器の分析から、試験機が時速1003kmを記録していたことがわかったのである！

　ペーネミュンデの空軍実験飛行場でテストパイロットを務めていたルドルフ・"ルディ"・オピッツ少尉は、後に回顧している。

「試作機が速度記録を叩き出したのは、正確には4回目の試験飛行の時だった。ペーネミュンデでディトマーが最初に飛んだときには、最高司令部からウーデットの一行が視察に来ていたんだ。もちろん、お偉いさんたちは試作機の速度と上昇性能に目を丸くしていたよ。このデモ飛行が終わると、ウーデットは、予備パイロットの準備が終わるまで試験飛行を停止するように命令したんだ。メッサーシュミット社で無尾翼機の操縦経験があるのはディトマーだけだったからね。もし彼に何かあったら、貴重な経験が失われてしまうことにウーデットも気づいたんだろう」

「パイロットを探していたメッサーシュミット社は、私に目を付け、依頼してきたんだ。1930年代半ばから、ディトマーと一緒にテストパイロットとして働いていた経歴が決め手だったんだろう。電話をもらうと、私は2〜3日のうちにペーネミュンデに向かっていた。そして、私が到着するとすぐに、ディトマーは2度目の試験飛行に挑み、私はそれを見学していた。そして翌日には操縦席に私が乗り込んで短時間の試験飛行を行なった。試験機の4度目の飛行で開発陣は最高速度を測るためにバルト海上空の所

Me163AV4 識別コード（KE+SW）、1941年7月、ペーネミュンデに到着した直後の撮影と思われる。この日付はAV4が1941年4月17日にペーネミュンデに送られたとしているメッサーシュミット社の業務記録と矛盾する。一方、ディトマーの飛行日誌によれば、彼は1941年7月2日にアウグスブルクにてこの機体に搭乗している。この日付以降、ディトマーの飛行日誌にはAV4への言及はない。行き届いた光沢塗装がひときわ目をひく。(EN Archive)

定飛行ルートを飛ぶように求めてきた。その時点では、上昇性能しか試験していなかったからね」

　こうした状況の一方で、武装を装備して前線に投入する狙いのMe163B生産計画が打ち立てられ、70機がすでに発注されていた。Me163Bの開発は1941年9月に始まり、航空省の承認を得るため、機体の詳細および生産計画書が同月末に提出された。製造開始日は10月1日で、まずは4機のプ

ルドルフ・"ルディ"・オピッツが操縦するBf110に曳航されているディトマー搭乗のMe163AV4の一葉。この時、ルディはまだペーネミュンデ実験飛行場に所属していた。1941年8月になっても、この機体にはロケットエンジンが搭載されていなかった。(EN Archive)

ロトタイプ機（V1〜V4）がアウグスブルクで組み立てられ、機体の構造試験が追加されていた。残りの66機はまず部材がレーゲンスブルクで生産され、これを近隣のオーバートラウブリングで組み立てる予定になっていた。日程は後に改められることになる。計画を気に入った航空省が、生産第1号機の初飛行を、製造開始から7ヶ月後にするよう要求してきたからだ。メッサーシュミット側では、この生産日程を不可能だと見なしていた。会社としては、この機体はすべて試作品同然に見なすべきと考えていて、5号機の完成までには少なくとも17ヶ月はかかると見積もっていた。

結局、航空省が派遣する製図工たちの到着が遅れたことで、生産準備に着手できたのは1941年12月になってからのことだった。他にも、風洞実験用の機体が遅れたり、スタッフの中に航空力学者が欠けていたりと、遅延の要因は様々である。素材の欠乏は一層深刻であり、これが直接の原因で、生産開始は1942年3月までずれ込み、ヴァルター社（HWK）やBMW社のエンジンおよび導入予定の情報がはっきりしないことも、状況悪化に拍車をかけた。また、エンジンは製造会社ごとに必要な燃料タンクの導入方法が違っていたので、組み立て作業のペースそのものをエンジンの進捗速度に合わせなければならなかった。問題はこれで終わりではない。Me163B向けに開発されていたヴァルター社のRII209エンジンは破棄となり、替わりにRII211が積まれることになった。ところがエンジンはそれぞれ推進剤用タンクの形状が異なるため、機体設計からやり直す必要が生じたのである。　RII211の採用決定はさらなる計画の遅延を招いたが、間もなく、Me163BV1はエンジンさえ完成すればいつでも飛行可能という状態になった。そうした事情から、とりあえずMe163Aに搭載されているHWK RII203「低温ヴァルター式」エンジンを搭載できるように改造したが、出力が低いためにBV1は離陸できなかった。

いわゆる「低温ヴァルター式」エンジンと呼ばれるヴァルター社のHWK RII203や航空省の109-509Aは、AV12とAV13を除くMe163Aの全機と、BV4、BV6、BV8に搭載された。推進剤にはT液（高濃度の過酸化水素水）とZ液（触媒として用いるナトリウム水溶液）を使用する。「高温ヴァルター式」のHWK RII211（またはRLMの109-509B）はMe163B系のプロトタイプ機全機に搭載されている。ただしBV10とBV14はBMW製エンジンを搭載する予定で例外となっていた。RII211の推進剤はC液（水化ヒドラジン、メタノール、水の混合液）とT液を使用する [訳註4]。

1942年5月には、再び生産計画が改訂を受けた。アウグスブルク工場はBV1からBV6までの製造と組み立てに責任を負い、BV6は与圧式コクピットと改良型ヴァルターエンジンである109-509B-1を搭載することになった。この高温ヴァルター式ロケットモーターは補助燃焼チャンバーを備えていて、巡航時の航続時間を伸ばしていた。そして他の完成機体とエアフレーム（構造試験用の機体）はレーゲンスブルクにあるメッサーシュミット社の別工場で作られることになった。しかし、この生産日程も1943年の晩春には再度、調整が行なわれることとなる。同社がMe163と同時にジェット戦闘機Me262の開発、生産を担うことになった結果、増大する一方の要求に手が回らなくなって試験飛行のペースが落ち、人手不足と相まって開発が著しく遅延してしまったのである。

航空省が介入して、クレム軽飛行機工業のベブリンゲン工場がMe163

パウル・ルドルフ・"ルディ"・オピッツは最初、建具・家具職人として奉公したが、勤め先は木製飛行機の仕上げに携わる会社だった。そして1935年から開戦までの間は、レーン・ロシッテン協会やグリースハイムの帝国曳航・曲芸飛行学校のグライダー教官となり、ダルムシュタットのドイツ滑空飛行研究所の教官も務めていた。1939年9月には空軍のパイロットとして徴兵され、1940年5月10日には、コッホ襲撃隊の一員として、ドイツ、ベルギー国境のエバン＝エマール要塞およびアルベール運河の橋梁襲撃作戦にDFS230グライダー操縦手として参加している。この功績から彼は一級鉄十字章を授与され、軍曹に昇進した。その後はヒルデスハイムのグライダー学校に転属となり、同様の襲撃作戦に備えたパイロットの育成を任務とした。そして最終的には第4輸送グライダー飛行学校の飛行場管理官となった。少尉に昇進したオピッツは、1941年8月にメッサーシュミット社のL局に配属となり、その後、テストパイロットとしてペーネミュンデに赴いて、ディトマーを補佐するのである。1942年5月にはペーネミュンデに設けられた第16実験飛行隊に転属し、部隊と共にバート・ツヴィシェナーンに移っている。その2年後、"ルディ"はヴィトムントハーフェンで事故を起こしたオットー・ベーナー大尉に代わって1./JG400の飛行中隊長となり、部隊と共にブランディスに移動した。10月には治療のために前線を離れるヴォルフガング・シュペーテの代理としてI./JG400の飛行隊長に任命され、シュペーテが前線に復帰するが、1944年11月に、今度はII./JG400の飛行隊長となり、部隊と共にブランディスからシュターガルトに移転、最後はフュッセンで終戦を迎えている。（JG400 Archive）

訳註4：低温ヴァルター式は、熱と酸素を出しながら自然分解する性質を持つ高濃度の過酸化水素水を、触媒を使って化学分解し、その熱エネルギーを利用する推進システム。低温ヴァルター式HWK RII203エンジンの推力は750kgである。高温ヴァルター式は過酸化水素水を酸化剤として利用し、他の物質を燃焼室で燃やして高温ガスを発生させ、そのエネルギーを推進力とする。高温ヴァルター式HWK RII203の推力は1700kgである。ヴァルター推進装置自体は、小型の離陸補助モーターとして、ドイツ空軍で広く実用化していた。

の生産協力に割り当てられ、また同社からメッサーシュミット社に対して最終組み立ての応援要員が派遣されたことで、いくぶん、事態は改善した。そして両社の間で正式に交わされた契約によって、クレム社はBV23以降のMe163B全機の最終組み立てを、レヒフェルト工場で引き受けることになった[訳註5]。

当初、クレム社には月産30機のノルマが要求された。しかし、機体設計の変更、特にBV45以降の機体にMK108機関砲を取り付ける作業を先行したことで、計画は最初から遅延してしまった。設計の変更はこれにとどまらず、例えばコクピット周辺への増加装甲取り付けや、無線航法装置、加速時の推進剤供給を補助する緩衝タンク、尾輪ブレーキ、ドリー（離陸用補助輪）の緊急投下装置、エンジンとの重量バランスを取るための新型ノーズコーン、着陸フラップの強化、尾輪の改良、クレーン用のリフティング・ポイントなど、多岐におよんだ。

まず最初にプロトタイプ機はバート・ツヴィシェナーンに送られて、第16実験飛行隊（EKdo16）のパイロットたちによって合格判定試験飛行される。1944年4月と5月には、1./JG400に直接引き渡される前に、ヴィトムントハーフェンにて、クレム社のテストパイロット、カール・フォイによる合格判定試験が行なわれた。6月には最終組み立てと試験場所がイェーザウに移り、8月にはオラニエンブルクに移転した。その日から1944年暮れまでの間に、クレム社はエアフレームをユンカース社に送っている。1944年9月1日より、ユンカース社も正式にMe163の生産に加わることになったからだ。

ユンカース社が担当するMe163B用部材の生産は、例えば最終組み立て工場はブランデンブルクのブリエスト、最終検査と合格判定試験はオラニエンブルクといった具合に、かなり広い地域に分散していた。さらに同社が関連工場にコードネームを与えて独自管理していた事が、混乱に拍車をかけた。同社では単独の工場、ないし複数をまとめた工場群に実際に建てられている場所よりかなり離れた地名を与えるようにしていたからだ。例えば、ブランデンブルクのブリエストにあるのがアントニーンホフ製造会社、オラニエンブルクにあるのがヴィルヘミネーンホフ製造会社といった具合である。

BV1（識別コード：KE+SX）の初曳航飛行は、先の10月に計画した日程よりも約1ヶ月遅れの1942年6月26日、アウグスブルクにて"ハイニ"・ディトマー搭乗のもとで行われた。当初、これにはヴァルター製のロケットモーターを搭載する予定だったが、BV1にはついにエンジンが乗らなかった。しかも、パイロットの訓練が行なわれていたバート・ツヴィシェナーンのEKdo16に1943年末に引き渡された機体は、尾輪と着陸フラップが未完状態で、パラシュート・ブレーキという仕様になっていた。1944年7月には、BV1はJG400の補助飛行中隊があるブランディスに送られ、その後、部隊ごとウーデットフェルトに移転となった（BV1は戦後まで残り、他のMe163とともにアメリカに持ち去られている）。

EKdo16の創隊は1942年4月であり、Me163の実戦運用に先立つ試験および開発データの取得を期待されていた。試験飛行は機体の開発——エアフレームや、ロケットモーター、装具、武器——にとどまらず、稼働状態を維持するのに不可欠な地上での装備まで含んでいる。当然、パイロット

訳註5：ツェペリン社やダイムラー社で働いていたハンス・クレムによって、1926年にベブリンゲンに設立された。軽飛行機の開発と製造を得意とし、1930年代には長距離飛行を中心に記録を数々うち立てている。空軍には主にKl35訓練機を納入していたが、これらが実績となりMe163のエアフレーム製造企業として抜擢された。

や地上要員の転換訓練や、敵機迎撃に備えた地上管制方法の確立などにもおよぶ。

1942年4月20日、空軍の戦闘機隊総監はヴォルフガング・シュペーテ中尉をEKdo16の隊長に任じて創隊準備を命じた。そして航空装備製造総監に代わり、Me163AとMe163Bの試験飛行を引き継ぐことが告げられ、製造関係者からはこの未知の新兵器に関する情報が与えられたのである。1944年5月、シュペーテの後任としてアントン・"トニー"・ターラー大尉がIV./JG54の飛行隊長に就任した。

1943年3月26日、リピッシュはメッサーシュミット社会長のフリードリヒ・ザイラーから、ゲオルク・パーゼヴァルト中佐──航空省技術部GL/C-Eのトップ──の指示により、3月20日をもってL局がメッサーシュミット社の完全な傘下に入るよう要求された旨が伝えられた。自分のための部署が無くなると知ったリピッシュは辞表を提出し、これが受理された。開発に直面してのリピッシュの妥協や、明らかに早すぎる辞表の受理などから推察するに、この辞任劇はあらかじめ決まっていたのだろう。この時のやりとりに関する記録によれば、リピッシュは会社を去った後にウィーンで博士号を取得しているが、メッサーシュミット社の顧問として籍を残している。1年あたりの顧問料は5000ライヒスマルクであり、契約期間は5年であった。リピッシュとメッサーシュミット社の契約は6月30日に失効し、その翌日から顧問契約が始まっている。リピッシュは1943年4月28日にメッサーシュミット社を後にした。

1943年7月末、EKdo16はバート・ツヴィシェナーンでMe163Bの初飛行の準備を進めていた。当初はレヒフェルトでの初飛行を予定していたが、Me163の試験飛行に必要な設備が整う翌年3月までは、使用には不適切であると判断された。8月3日付のシュペーテの報告書には、バート・ツヴィシェナーンへの不満がはっきりと書かれている。

「最近の制空権を巡る状況変化から鑑みて、EKdo16がMe163の稼働機をツヴィシェナーンで集中運用するという決定を疑問視せざるを得ない。飛行場の大半は敵の攻撃に無防備であり、駐機している機体を守る術はない。したがって、Me163の拠点を直ちにレヒフェルトに移す命令を求める次第である。レヒフェルトなら、推進剤の貯蔵庫と給油車用のガレージを建てる作業が残るだけなので、数週間のうちに準備可能である。またペーネミュンデよりもアウグスブルクに近いので、実験飛行隊にとっても都合がよい」

レヒフェルトでのMe163プロトタイプ機の試験飛行は9月13日に始まった。6ヶ月後、飛行場は最初の集中攻撃にさらされ、Me163の試験とMe262の生産は深刻な危機に瀕した。

EKdo16は直ちにすべての機体と装備をバート・ツヴィシェナーンに移動する計画を立てた。1943年8月17日から翌日にかけて、RAFの爆撃兵団597機（40機が未帰還）によって東部一帯が激しい夜間爆撃にさらされたペーネミュンデは、もはやMe163の試験飛行に適さないと思われたからだ。8月18日には、EKdo16はすべての機体（Me163Aが7機、Me163Bが1機、グライダー3機、曳航用各種飛行機5機）を、移設可能な地上装備と共にアンクラムに移送した。アンクラム飛行場は整備状態が悪く、Me163を管制するのに必要な地上設備もなかったが、8月27日には、実験飛行隊は

1942年4月から1944年5月まで第16実験飛行隊（EKdo16）の指揮官だったヴォルフガング・シュペーテは、1942年9月に中尉から大尉に昇進している。彼はJG54に所属して東部戦線で戦い、40機撃墜の功績で騎士十字章を、また79機撃墜で柏葉を追加授与されたエースパイロットでもあった。（JG400 Archive）

鉄道を使ってバート・ツヴィシェナーンの「飛行士の巣(フリーガーホルスト)」への移動を終えたのである。
　しかし、Me163の運用に必要な各種施設の準備が完了しておらず、建設作業に動員されていた多数の外国人労働者の目から機密を守る必要もあったため、訓練は10月まで実施できなかった。さらに、要求していた地上設備に関する契約が進んでいなかったことも悪い材料だった。そのために、9月15日付けの報告でEKdo16に配属になったパイロットのグライダー訓練飛行は、EKdo16の士官の指導と参加のもと、ゲルンハウゼンのグライダー学校（フランクフルト・アム・マインから35km東）で行なわれることで空軍内の訓練部局と合意した。
　バート・ツヴィシェナーンでのパイロット訓練は1943年9月に始まった

1943年夏、ペーネミュンデにてMe163AV6（CD+IK）、AV8（CD+IM）、AV10（CD+IO）が発進準備を終えている様子。(JG400 Archive)

が、飛行場の関連設備が完成するまで試験飛行は差し控えられていた。建設作業に従事する労働者には、外国人、特にデンマーク人が多く、彼らの目から機体メンテナンスや離陸準備の様子を隠すためにも、建設作業終了後に労働者をどこか別の場所に移送する手間も残っていた。その時期は10月末頃と見積もられていた。

21名のパイロットで機種転換訓練が始まった。だが、1名が「任務への興味を欠く」という旨の不適切な能力が嫌忌されて解雇された他、全体の能力は申し分なかった。ただし健康上の理由で原隊に帰された訓練生もいた。転換訓練が7日ほどで終わると、ただちにMe163の機体を使った曳航訓練飛行が始まった。練習機は教官も搭乗できる複座型で、実機訓練の回数は、平均するとパイロット1人あたり3〜4回となる。この短い訓練は、パイロットたちがすでに矯正を要するような操縦技術レベルには無かったことを伺わせる。彼らは短期間の内にMe163に習熟した。

9月29日、EKdo16は航空省兵站部のヘープナー博士から、推進剤のC液の供給が滞り、輸送手段と貯蔵施設のどちらも駄目になっているので、3〜4週間は実験飛行隊の活動が停止する旨の知らせを受けた。この時期については、シュペーテの日誌にも「高温ヴァルター」エンジンの音はバート・ツヴィシェナーン飛行場に響くことなく、Me163Bの飛行計画はC液の供給が再開されるまで延期していたと書かれている。Me163がもっとも望まれるときなのに、C液の生産量が不充分である現況を嘆いたのだ。メッサーシュミット社は、ヴァルター社でのエンジン合格判定試験用推進剤を要求通りに充分供給できる旨の報告を、その日付と共にヘーリゲルシュクルース電気化学工業から知らされていた。

そこで、この間にミュンヘンにある航空医学研究所の指導に従い、9月末からグライダー飛行の訓練を受けていた18名の前線勤務経験者は、ツークシュピッツェでの高度順化訓練に参加することになった。この訓練は10月末に完了する予定だった。

11月後半にはツークシュピッツェでの訓練も終わり、帰還したパイロットはバート・ツヴィシェナーンでグライダー訓練飛行に取りかかっていた。そして合格したパイロットから順に、Bf110が曳航するMe163Aに搭乗することになったのである。霧がかかりがちな悪天候が続いて、7日間しか訓練日が取れなかったにもかかわらず、16名のパイロットが機種転換訓練を修了した。

だが、11月にはEKdo16で最初の犠牲者が出た。11月30日、Me163AV6（CD+IK）で飛行中のアロイス・ヴェルンドル曹長が事故死したのである。乗機は完全に破壊された。「この事故はパイロットや飛行機屋の間で"飛行規則違反"と呼ばれる不手際があったためだろう」とシュペーテは記している【訳註6】。

12月30日には2人目の犠牲者が出た。"ヨッシ"・ペース中尉がMe163AV8（CD+IM）で事故死したのである。同機は離陸直後にエンジンが停止したが、中尉には脱出可能な高度が得られず、また脱出を考えたような痕跡もなかった。代わりにペース中尉は機首を飛行場に向け直し、旋回中にゆっくりと高度を落とそうとしたようだ。しかし、機体は地上基地のアンテナ塔の真正面を向いてしまった。中尉は衝突を避けようともがいたもののうまくいかず、アンテナ塔に接触して主翼が壊れ、地面に激突、

訳註6：後日のペース中尉の調査飛行によって、深いバンク角をとっている時に操縦桿を引くと、エレベーターがダイブブレーキの役割を兼ねてしまい、一気に失速するという、Me163特有の現象が解明された。以後、着陸進入時にバンク角に注意する事がMe163乗りには徹底されている。

訳註7：個人的な親交があったことも手伝い、ヴォルフガング・シュペーテは自著『ドイツのロケット彗星』(大日本絵画刊)の中でもページを割いてペース中尉の事故を描写している。中でもT液を浴びた中尉は「防護服を着用していたにもかかわらず、パイロットの右腕は完全に溶けていました。左腕と頭は、柔らかいゼリーの塊のように見えました」という事故報告書の内容を引用したことで、Me163の事故に伴うT液の危険性が一般に知られるようになった。

横転したのである。墜落の直後、機体は激しい爆発を起こした。後の調査で、離陸後に投下したドリーが異常な高さのバウンドを起こし、これが機体下部に衝突してT液の配管を壊していたことがわかった。皮肉な事に、燃料漏れ事故を防ぐために機体に施されていた安全措置がこの不測の衝突に際して正しく機能してしまったために、エンジンが緊急停止してしまったのである [訳註7]。

1944年2月には悪天候が続き、機種転換訓練が滞った。それだけでは済まず、たまの好天時には敵機が襲来した。それでもこの間、Me163Aは86回、163Bは82回の飛行をこなしている。最初の実戦部隊の指揮官に任じられたロベルト・オレイニク大尉は、この月にエンジン推進によるパワー発進による離陸を成功させた。

3月30日のターラー大尉の手記によれば、3月初めEKdo16には9機のMe163Bがあったが、飛行可能な状態なのは1機に過ぎなかったとのことだ。3月中に、まず大破した1機が修理された他、5機が納入されている。このうち、クレム社製の機体は試験飛行されていない状態で送られてきたらしいことが確認できる。レヒフェルト飛行場は深い雪で覆われ、試験飛行ができる状態ではなかったのだ。

3月30日から5月10日にかけてシュペーテ少佐、オレイニク大尉、オピッツ大尉に加え、2名のパイロットがMe163Bでパワー発進に成功し、他33名がレシプロエンジンを搭載したMe163を使って離陸を経験した（うち11名はヴィトムントハーフェンにて)。曳航訓練飛行には12名が参加していて、5月末には訓練終了の目処が付くと予想されていた。

Me163Aと163Bの比較が一目瞭然。この写真はクレム社製の機体が初めてバート・ツヴィシェナーンに到着した1944年1月に撮影されたもの。クレム社はBV23以降のすべてのプロトタイプ機を製造した。(EN Archive)

5月14日には、シュペーテ少佐がBV41（PK+QL）に搭乗して、最初の実戦飛行を行った [訳註8]。地上管制官による方向指示に従って飛行しているうちに、彼は敵機を発見できた。おまけにここまで何の問題も生じていない。しかし、舌なめずりをしながら敵に接近する間、シュペーテは速度に注意を払い損ねていた。気づいた時には速度が上がりすぎていて、圧縮効果によって発生する危険な加速（試験飛行中に確認されている）によって、エンジンが燃焼停止を起こしたのである。その時、高度は6500mに達していた。

同じ5月14日に、またシュペーテはBV41に搭乗して出撃したが、今度は敵を発見できなかった。針路の読み間違いと気圧計の欠陥が失敗の原因だった。エンジンスターターのトラブルで、離陸が遅れるというミスも重なっている。エンジンに火が付いた頃には、すでに敵は捕捉不能な距離まで退いていたのである。敵機が「飛行士の巣（フリーガーホルスト）」から60km以上も遠くに去ったことが確認できたので、シュペーテには帰投が命じられた。

5月19日にはネルテ曹長がBV40で初の実戦飛行に赴いた。しかし、曹長は地上管制官の誘導を正確につかみ損ねたために、敵機との遭遇を果たせなかった。まだMe163を戦力として飛ばせるほど充分な経験を積んではいなかったのだ。

4度目の出撃は5月22日、BV33（GH+IL）に搭乗したオピッツ中尉によるものである。しかし高度1500mから2500mにかけての雲量が8/10と計測されていたこともあり、今回も接敵できなかった。探知では目標が高度2000m付近を飛行中であると判断していたので、おそらく雲に隠れてしまっていたのだろう。中尉にはほとんど地面が見えなかったが、BV33はツヴィシェナーンに無事帰還した。

5月28日、今度はランガー中尉がBV41で出撃したが、またも接敵に失敗

訳註8：この時、少佐は機体は隅々まで鮮紅色で塗装されたかなり奇抜な機体で出撃している。これは第1次世界大戦の撃墜王マンフレート・フォン・リヒトホーフェン（レッド・バロン）にちなみ、整備員が勝手に塗装してしまったものだった。少佐はトップエースではあったが、まだMe163を使って戦果を挙げたわけでもなく、また敵からの視認性を高めてしまうこの悪戯に、整備兵たちの親愛の情をくみ取りつつも、立腹しながら出撃している。

飛行任務後に休息を楽しむEKdo16の隊員たち。しゃがんでいる人物は、左から右にヨセフ・ミュールストロフ、ヨアヒム・ピアルカ、ハインツ・シューベルト、ロルフ・グログナー、仰臥しているのが"マーノ"・ツィーグラー、ハンス・ボット、ハルトムート・リルである。（JG400 Archive）

バート・ツヴィシェナーンで休暇を楽しむマンフレート・アイゼンマン伍長とロルフ・"ブービ"・グログナー伍長。共に最年少のMe163パイロットである。1944年10月7日、2./JG400に所属していたアイゼンマンは、飛行中の事故で命を落とした。
（JG400 Archive）

している。今回の失敗には、探知の遅れに伴い、Me163の発進も遅れたことが影響している。地上管制官の誘導どおりの飛行はできたが、出遅れが響いて結果が出せなかったのだ。機体が「飛行士の巣(フリーガーホルスト)」から50km以上離れた時点で、ランガー中尉には攻撃中止と帰投が命じられた。

翌日、5月29日はオピッツ中尉がBV40で出撃したが、今度は機械故障で地上管制を受けられなかった。探知した情報では、敵機の高度は1万2500m、距離は30kmとあり、飛行場から遠ざかる針路をとって高速移動していた。そして、この時は機体の位置関係が、敵後方であまりにも距離が開きすぎて航続距離的に届かないという悪環境にあったため、オピッツ中尉は接敵を断念した。機の高度は1万2500mに達したが、特にトラブルもなく、無事に帰投している。

同日、オピッツ中尉は2度目の迎撃に出て、目標まで距離2kmにまで接近した。しかし、今回も視界が悪いために攻撃を断念し、太陽方向を利用して追跡を避けつつ戦闘空域から離脱した。イギリス軍の航空情報局AI2（g）の報告書第3027号、「Me163によるスピットファイア写真偵察機の迎撃について」には、次のように書かれている。

「1944年5月29日、Me163と思われる敵機がヴィルヘルムスハーフェン上空でスピットファイア写真偵察機を迎撃した。技術情報官による当該機パイロットへの聞き取り調査、およびAI2（g）の所見付きの事件のあらましは、以下のとおりである」

1.）スピットファイアは好天のなかを写真偵察飛行中だった（航跡雲の発生を伴う高度9150m）。スピットファイアはハンブルク、ブレーメンの上空を往復したが、これは敵に警戒準備の余裕を与えるのに充分であり、天

候条件は目視での迎撃に適していた。

2.）1315時、スピットファイアのパイロット（以降、彼を"X"と記す）は高度1万1285mで北西からヴィルヘルムスハーフェンに接近し、旋回して東から西に向かう針路でその上空を通過しようとした。そして機首を西に翻すと、彼は自機2135～2500m下方、（水平）距離で約1800m南東方向から航跡雲が伸びてくるのを確認した。この敵機は北に向かって飛んでいたが、見る間に航跡雲は鋭角を描いて西向きに転じ、Xの飛行経路をたどるようなコースを取った。敵機がXの偵察機を迎撃しようとしているのは明白だった。

3.）敵機が旋回を終えた直後、航跡雲は消え、相互の距離が目視できる航跡雲の長さの約3倍になったあたりでまた噴射が始まった。こうした手順は、4度目の航跡雲が現れるまで一定の間隔をもって繰り返された。この間、Xは航跡雲を確認した最初の段階から高度を上げはじめ、1万2500mに達していた。敵機は水平距離で900mほど南南東、約900m下方を飛行中だった。

4.）つまり、Xが1000mの高度上昇をしている間に、敵機は約2500m上昇し、水平距離も目算で900mほど詰めてきたのである。Xは敵機の姿を肉眼で捕えたが、距離が遠く、形状の判別までには至らなかった。Xの証言によれば、敵機の姿は「ほとんど全翼機」とのことである。また主翼が著しい後退翼になっていたと主張するが、敵機を目視した角度から推定すると、確信を持つには至らないとのことである。

5.）これ以上の航跡雲は確認できず、Xは敵機を見失ったままとなった。この時点で写真偵察任務はほぼ終えていた。帰投に際しては、他の事件は発生しなかった。

6.）Xの記憶は質問のタイミングから見て、かならずしも明確とは言えないが、それは理解の範囲であり、彼の報告を軽視する理由にはならない。例えばXは、最初に航跡雲を確認してから30秒ほどで雲が消えたと明確に証言している。Xについて指摘しておくべきは、この雲が消えている間に彼の機は約1000m上昇したが、それまでにたっぷり3分を必要としたということである。Xはこの上昇性能の違いに強い印象を受けていた。

7.）Xはまだ見落としていた航跡雲があったかも知れないと考えている。それでも、Xが強い印象を受けた、最初の報告にある4本の航跡雲という情報を疑う必要はないだろう。

8.）約3分間の接触中に4回のエンジン噴射サイクルがあったことを基準とすると、敵機の噴射時間は11秒、停止時間は33秒となる。速度のばらつきがあり、（1サイクルあたりの）時間と飛行距離の比率を正確に割り出しているとは言えないが、3：1という比率から大きく外れることはないだろう。

　戦後の調査で、X氏とされたパイロットがイギリス空軍第542飛行中隊所属のG.R.クラカントロープ大尉（DFC）であることが判明している。Me163と遭遇した時は、彼の102回目の任務中であり、スピットファイアMk.XI写真偵察型 [訳註9] 機体番号MB791に搭乗していた。彼は500枚ほどの撮影を終えてベンソン空軍基地に無事帰還し、任務を成功させている。しかし1944年11月27日（月曜日）に、シュトゥットガルト上空でⅢ./JG7所

訳註9：1939年、ヘストンに写真偵察部隊が設立された当初より、スピットファイアの写真偵察型（P.R.型）は派生機の中でも重要な位置を占めていた。P.R.Mk.X以降は戦闘機型と型番の重複を避けるようになっている。P.R.Mk.XIは1943年初頭から実戦配備が始まり、初期型と合わせ合計486機が生産されている。

属のホルスト・レナーツ曹長が操縦するMe262によって撃墜されたことで、クラカントロープ大尉の運も尽きた。この時、大尉は138回目の任務としてスピットファイアXI.写真偵察型、機体番号PL906に乗り、ミュンヘン上空を偵察した。そしてイングランドに帰投中のところを後方下部の死角から襲われたのである。大尉は脱出に成功し、戦時捕虜となりはしたが、戦争を生き抜くことはできた。

　5月30日、1040時、バート・ツヴィシェナーンはアメリカ陸軍航空軍（USSAF）爆撃部隊の標的となった。3方向からの攻撃を組み合わせた巧みな攻撃を前に、基地には警報を鳴らす余裕さえなく、飛行場から退避できない機体も多数あった。しかし、地上設備のうち重要機材や予備パーツはすでに別の場所に移設が済んでいた。この攻撃で、EKdo16は飛行場の対空銃座に着いていた2名の人員を失った。1944年6月10日付けの兵站部総監第6局の損害報告書には、航空機23機の他、以下のリストに挙げたMe163が破壊ないしは損傷したと記載されている。各機の損傷具合は、機体の製造番号（Wk-Nr.）に続く括弧の中に示されている。100％が全損である。

BV33　Wk-Nr.16310042（100％）
BV14　Wk-Nr.16310023（10％）
BV12　Wk-Nr.10021（30％）
BV21　Wk-Nr.10030（25％）
BV45　Wk-Nr.10054（15％）
BV47　Wk-Nr.10056（15％）

　バート・ツヴィシェナーン空襲の後、6月10日になるまで残った飛行機の整備は行なわれなかった（水道、電気が使用不能となり、設備の損害から修復中だった）。そのため、6月2日に出された空軍総司令部の航空機設営調整本部の命令を受けて、6月7日からMe163の基礎訓練はオーデル河畔のブリークで行なわれることになった。本土防空部隊との2度に渡る電話交渉で、実験飛行隊は戦術偵察グループがブリークに進出してこない限り、訓練飛行しか実施できない現状を強調した。しかし、戦術偵察グループはAr56、Fw56、B?131、Bf109などの機体を使って、月に1万～1万2000回の離発着を行なうが、実験飛行隊が曳航訓練をする時は、離陸のために飛行場の滑走路を東西方向に目一杯使わなければならず、この際に投下式ドリーが他の偵察機の離陸に危険をおよぼしてしまう。つまり、同じ飛行場で戦術偵察グループとEKdo16を運用するのは不可能なのである。
　ブリークでの訓練所は6月10日に開設し、組み立て前の機体と予備パーツが輸送車倉庫として使われていた粗末な建物に運び込まれた。しかし、この建物にはハンガーや適切な作業場がないために、飛行機の組み立てができない。EKdo16は設備の改善を再三求めたが、状況は好転せず、結局、ブリークでは1度も訓練飛行が実施できなかったのである。
　6月15日にはバート・ツヴィシェナーンが飛行可能となり、プロトタイプ機2機を含む11機がパワー発進、7機が曳航離陸で飛び立った。6月19日にはネルテ曹長のBV38（GH+IQ）が、曳航離陸後にツヴィシェナーン湖の上空50mでエンジン停止事故を起こしたため、曹長は高度50mから緊

フランツ・メディクス中尉はバイエルン地方、ゲロールスフィンゲンに近いヴァンゲン/アルガウとヘッセルブルクの飛行学校でグライダーの操縦ライセンスを取得した。ヘッセルブルクで、彼がグライダー飛行の教官として雇われ、最後はグライダー飛行学校の校長になっている。この勤務の傍ら、動力飛行機の操縦ライセンスを取得した。1940年にはブリエストで飛行教官課程を修了し、カウフボイレンやゲルンハウゼンで教官となっている。1943年10月からJG104に勤務し、後にEKdo16に転属、1944年2月にはバート・ツヴィシェナーンに移った。それから数ヶ月後にはブランディスのErg.St./JG400の飛行中隊長となっている。1944年10月から1945年2月にかけて、メディクスは6./JG400に転属し、5./JG400に移った後に、そのまま終戦を迎えた。
(JG400 Archive)

急着陸を強いられる羽目になった。この時点で風速40km/hの追い風の中、220km/hの機体速度が出ていた。着水した機体は2度バウンドしてからとんぼ返りした。キャノピーが割れ、曹長は自力でコクピットを抜けだして、翼の上にどうにかよじ登った。

1944年7月には、フランツ・メディクス中尉の指揮の下で、Erg.St./JG400（JG400練成飛行中隊）が創隊された。この飛行中隊は6機のMe163を配備している。内訳はMe163AV10（CD+IO）、AV11（CD+IP）、AV13（CD+IR）、BV1（KE+SX）、BV4（VD+EN）、BV8（VD+ER）である。AV10以外にロケットエンジンを搭載した機体はないので、この部隊には、Fw56"シュテッサー"やFw44"シュティーグリッツ"などの曳航機も配備されていたはずだ。Erg.St./JG400はJG400の所属部隊で唯一の、機種転換訓練を目的とした部隊であり、7月にブランディスへと移ってきたのであった。

だいたい同じ頃（1944年8月23日以前）、EKdo16が保有するMe163は新しい迷彩パターンで塗装され、EKdo16を表す定型コード「C1」から始まる識別コードに統一された。数字は白で、識別コードは黒の塗料を使ったいくぶん小さい文字で描かれている。以前の機体番号は迷彩塗装で塗りつぶされた。幸運なことに、塗装に関する当時の記録が豊富に残っているので、機体ごとの識別番号の新旧は次のように互換できる。

1944年夏、撃墜王ヴァルター・ノヴォトニー少佐がバート・ツヴィシェナーンのEKdo16を訪問した。写真のパイロットは、左から右に向かって、ノヴォトニー、フランツ・レースル、クルト・シーベラーである。型破りの制服を着たノヴォトニーに注目！1944年11月8日、ノヴォトニーは空中戦で戦死した。（JG400 Archive）

| 新識別コード | 旧識別コード | 機体番号 | 製造番号 |
|---|---|---|---|
| C1+01 | GH+IG | BV28 | Wk-Nr.16310037 |
| C1+02 | GH+II | BV30 | Wk-Nr.16310039 |
| C1+03 | ? | BV40 | Wk-Nr.16310049 |
| C1+04 | PK+QL | BV41 | Wk-Nr.16310050 |
| C1+05 | PK+QP | BV45 | Wk-Nr.16310054 |
| C1+06 | PK+QR | BV47 | Wk-Nr.16310056 |
| C1+07 | 不明 | | |
| C1+08 | 不明 | | |
| C1+09 | 不明 | | |
| C1+10 | 不明 | | |
| C1+11 | VD+EP | BV7 | Wk-Nr.16310016 |
| C1+12 | VD+EW | BV14 | Wk-Nr.16310023 |
| C1+13 | GH+IN | BV35 | Wk-Nr.16310014 |

　元々のBV7は1944年9月11日に壊れてしまっているので、リストのC1+11はクレム社製のMe163B-0 BQ-UK Wk-Nr.40008に再割り当てされたものである。このリストにはさらにBV12、BV21、BV39の他、未確認の4機目が含まれる。リストからわかるように、新旧の識別符号の間に規則的な関連性はない。

　1944年8月15日、バート・ツヴィシェナーンは120～140機の爆撃機による攻撃を受けた。EKdo16の隊員は、第2滑走路にできた爆撃孔を埋め戻す作業に駆り出され、8月16日から23日まで慣れない汗を流している。その後、飛行場周辺の設備を修理する技術者が送り込まれてきた。迎撃管制

1944年8月、EKdo16に残っていたMe163は全て新しい迷彩パターンで再塗装され、部隊識別用のC1と数字二桁からなる機体番号で統一された。写真のBV45はC1+05となっている。（EN Archive）

能力が回復するのは9月4日と見積もられていたが、実際は8月23日には機能を回復し、決して望ましくはないコンディションの風のなか、1000m滑走路を使って離陸が行なわれた。だが、この日はMe163BV28（C1+01）に搭乗していたラインハルト・ルーカス曹長が、離陸直後を狙い撃たれて戦死するという最悪の形で終わった。機体の残骸はファッスベルクの航空技術第2学校に運ばれ、実地教材として使われた。

　爆撃から23日目を数えた頃に第2滑走路の修復が完了し、ようやく飛行任務が可能になった。しかし、5月30日と8月15日の爆撃によってEKdo16の可動機数は15機から6機に減少しただけでなく、稼働実績もゼロという状態だった。それでも、予備パーツの不足や機体修理もままならない有様のなか、9月には33回の出撃を数えている。

　9月初めには戦闘機隊総監のアドルフ・ガランド少将がEKdo16を訪れ、飛行隊長のターラー大尉に、実験飛行隊が将来的には解隊される予定になっていることを告げた。これを聞いた大尉は、Me163Bがまだまともに作戦参加もしていないうちから実験飛行隊を解散する判断のおかしさを指摘した。ガランド少将はEKdo16の規模を40人に削減した上で、ブランディスの練成飛行中隊に統合すると言って譲歩したが、大尉はこれも受け入れは困難だと見なしていた。新型機、とりわけMe163のような扱いにくい飛行機には、集中的な飛行テストと地上設備の改良が不可欠であると確信していたからだ。それに、改良が絶え間なく続き、予備パーツの確保も難しい状況の中で実験機が6機しかないのでは、短期間での実りある試験飛行を重ねることはできない。

ターラー大尉は、バート・ツヴィシェナーンの爆撃（5月30日に約80機、8月15日に120～140機）は、Me163の稼働率を低く抑えておきたい敵の意図の現れだと見立てていた。全ての装備を安全地帯に避難させる、なかなかに困難な作業はどうにかやり遂げたし、特に2度目の爆撃では、機体、装備には損害は発生していない。

こうした下地があったので、9月21日付けのブランディス移設命令を受けて、実験飛行隊は大いに驚かされた。ブランディスの飛行場にはHe177装備の爆撃航空団（II./KG1）、He177練成飛行隊とユンカース社の実験試験部（第700大隊）がいて、すでに満室状態だからだ。移動命令には第400戦闘航空団の2個飛行中隊とEKdo16をブランディスに集約し、試験飛行、兵器試験、訓練を集中しようとする意図があったわけだが、この場所は爆撃に弱いと懸念された。バート・ツヴィシェナーンとは違って、ブランディスは攻撃を受けたときに、飛行機を安全な場所まで退避させるのが難しい配置になっている。

150機程度の爆撃機を以てすれば、数分以内の攻撃で、訓練及び防空任務のために集められたMe163を破壊し尽くしてしまうだろう。そうなれば、再建には半年以上の時間がかかる。移動命令を受けたターラー大尉は、ベルリンにいたゴルドン・ゴーロップ大佐 [訳註10] に面会を求め、基地移設に関する所見を打ち明けた。ゴルドン大佐はターラーの見解を支持し移設命令の実施を遅らせるための、新しい命令を出した。このような工作があったので、レヒリンの空軍試験局長ペテルゼン大佐にテレックスで送られた命令は無視されたのである。しかし、9月30日に再度、テレックスにて、ターラーの元に直ちにブランディスに移設すべしとの命令が届いた。今度はごまかせず、実行するほか無かった。

ターラーが危惧していたブランディスへの空襲は現実とはならず、1944年5月28日にただ1度行なわれただけだったが、これもUSAAFの爆撃機群が、メルゼブルクやライプツィヒにほど近いこの飛行場が、予備の爆撃目標になっていた結果に過ぎない。言うなれば、帰路に上空に差しかかったからという、根拠の薄い理由での爆撃なのだ。7月末から8月中旬にかけて、第8航空軍に対する迎撃に飛び立つJG400の動き活発になったことと、ドイツ軍の暗号無線の解読から、Me163がブランディスに展開した情報を連合軍は把握していた。もし、ターラーが考えていたように、連合軍がMe163の損耗と殲滅を考えたとすれば、ブランディスを爆撃する機会はいくらでもあったが、実際は、爆撃は起こらなかった。連合軍はもっと根本的な部分、すなわちメルゼブルクのロイナやリュッケンドルフ、ベーレン、ロジッツなどにある石油精製施設の破壊を試みたのである。

訳註10：1912年6月12日にオーストリアのウィーンで生まれたゴルドン・ゴーロップは、最初オーストリア空軍に入隊したが、併合に伴いドイツ空軍に移籍した。1941年9月に42機撃墜の功績で騎士十字章を拝領し、JG77司令に任命された後の1942年8月29日には150機撃墜に最速で到達して、ドイツ軍では3人目となるダイヤモンド柏葉剣付き騎士鉄十字章を授与されている。ガランドの右腕として戦闘機のジェット化を補佐する任務に就き、ガランドが罷免された後を受けて、1945年1月には戦闘機隊総監に就任した。

# chapter 2

# 1./JG400　第1飛行中隊
1. STAFFEL / JAGDGESCHWADER 400

　1943年12月、Me163の実戦運用地に指定された各地飛行場の受け入れ進捗状況は、かなりまちまちだった。ところが、そんな中でもオランダ空軍管区内の受け入れ準備は本国の飛行場より順調なくらいで、フェンローやデーレンは、C液貯蔵設備の到着を待っていた他は全て完成していた。実際、この2つの飛行場の受け入れ関連工事は6週間で完了している。したがって、バート・ツヴィシェナーンが同じ作業に実に7ヶ月もの時間をかけていたことについて、EKdo16は不満を隠さなかった。EKdo16の資料には他の飛行場の様子も記載されていて、12月の時点で、ヴィトムントハーフェンとオラニエンブルクは完成間近、フースムとブランデンブルクのブリエストは必要な建物は使用可能であり、近いうちに準備が終わるだろうと評価している。

　1944年3月末までにはトヴェンテ飛行場の準備が整う目処が立っていたが、建設責任部署からの確約を得ても、アッハマー、ノルトホルツ、パルヒムなどと同様に、信用しきれる状況にはなかった。

　Me163を使用する最初の実戦部隊創隊は、かなり早いうちから計画されていたが、実際に編成命令が出されたのは1943年末頃だと思われる。1944年1月31日、本土防空部隊の戦闘序列の中に20./JG1という飛行中隊が初めて姿を見せる。そして2月21日から3月15日にかけて、この部隊がヴィトムントハーフェン飛行場に配備されていたことがわかる。これが2月のうちに1./JG400と改称したものと思われ、1944年3月18日から7月24日にかけてのヴィトムントハーフェンの公式記録に登場するのである。ところが、これらの日付は、飛行中隊の隊員たちの証言や記憶と一致しない。

　20./JG1が確認できる当時、2./NJG3の他にIII./NJG1とII./KG54の飛行中隊がそれぞれ同じ飛行場を共同使用しているが、3月以降は、I./JG54およびIII./JG54の飛行中隊だけが使用している。そして6月初旬には、1./JG400が「飛行士の巣（フリーガーホルスト）」を占有しているのが確認できる。

　1./JG400の地上要員と、EKdo16の隊員たちは1944年1月4日から8日にかけてバート・ツヴィシェナーンに到着した。そして彼らは4週間にわたり、パイロット訓練とMe163の試験飛行に関する全般的な実地研修を受けたのである。

　ヴィトムントハーフェンの地上通信基地には1944年2月1日以来、絶えず人が詰めていて、無線航法用機器の改良に取り組んでいた。アドコック製極短波ビーコンも取り付けが終わり、稼働している。だが、通信機器の調達が難航していたこともあり、作戦指揮所は万全の態勢とは言えなかった。間に合わせの設備を使って当座の難局を凌ぐしかなかったのである。

　ヴルツブルク・リーズ・レーダー装置用の地上管制装置も、2月のうちにヴィトムントハーフェンに到着した。しかし、操作方法の研修が始まっ

てから2時間経つか経たないかのうちに重大な問題が発覚した。装置に電源が入らないのである！　またEKdo16でも、レーダー操作員のほとんどが原隊では通常業務しか経験していないことが発覚した。実験飛行隊の地上管制官であるグスタフ・コルフ少尉は、このような信じがたい状況に我慢ができず、空軍の通信連絡局に対して公式文書で怒りをぶちまけた。同様に、EKdo16も次のように月間報告に記している。

「かの兵員たちがヴルツブルク・リーズ・グスタフ（レーダー）装置を使いこなし、また事前に割り当てられた重要な任務に堪えられるなどとは、とうてい信じられない」

ややあって、レーダー要員はライステン伍長の監督のもとで、ヴルツブルク・レーダー装置の運用方法を学ぶことになった。

Me163の実戦部隊となる飛行中隊の創隊を命じられたのはロベルト・オレイニク大尉で、1944年2月20日、ベルリンの戦闘機隊総監の執務室に出頭した時のことだった。中隊創隊に際してEKdo16から引き抜く人員、パイロット、地上要員はすでに決まっていた。彼らは全員、新設飛行中隊本部が置かれたデーレンに移動した。そして空軍総司令部の通達により、3月1日には独立部隊として創隊されたのである。ところが、新しい飛行場への移設準備が進む間に、戦闘機隊総監のオフィスからオレイニク大尉の元にテレックスで極秘命令が届いた。それには、地理上の理由からデーレンはMe163の運用にふさわしくないと判断されたので、部隊はヴィトムントハーフェンに移ることになるという内容が書かれていた。日程に余裕が無く、大急ぎで再構築しなければならない。まずはデーレンから先遣隊を送り込むところから着手した。

ヴィトムントハーフェンへの移設作業が始まった直後、また戦闘機隊総監からオレイニク大尉あてにテレックスが届き、今度は、1944年3月1日の創隊と同時に、部隊名称が1./JG400に決まったことが書かれていた。

ヴィトムントハーフェン在駐の基地責任者、メーヴェ少佐の協力もあり、基地の移設作業は数日の短時間で終えることができ、3月7日には「飛行士の巣(フリーガーホルスト)」とバート・ツヴィシェナーンからゲストを招いての創隊記念式が開かれた。飛行中隊で最年少のボット少尉は、記念品の漫画色紙に参加者の名を書き残している。

パイロット——ロベルト・オレイニク大尉、ゲルハルト・エベーレ中尉、フランツ・レースル中尉、ハンス・ボット少尉、"フリッツ"・フッサー曹長、ジークフリート・シューベルト曹長、ハンス・ヴィーダーマン軍曹、フリードリヒ・エージュン軍曹、クルト・シーベラー伍長、ルドルフ・ツィンマーマン伍長

地上要員——フリードリヒ中尉（地上管制官）、ケーン技術士官、エルンスト・シーベルト技術士官、オスカー・ウンターフーバー検査官、フライブルク曹長（中隊付き曹長）、イゼール建設現場監督、ブレーデ航空技師官

ゲストには、メルキオール軍医大尉、フランツ・メディクス中尉、メルマン・"マーノ"・ツィーグラーがいた。

ヘルムート・リル少尉、ヘルベルト・シュトラツニツキー軍曹、アントン・シュタイデル伍長、シュメルツ伍長は、遅れて飛行中隊に着任した。フリッツ・フッサーは1944年7月に第2飛行中隊に配属されている。

ロベルト・イグナツ・オレイニク大尉は1936年から1943年5月まで、最初2./JG3、次いで4./JG1に所属し、II./JG1の飛行隊長代理を務めていた。そして1943年7月にはIII./JG1の飛行隊長に昇進した。1940年9月9日には二級鉄十字章、9月30日には一級鉄十字章を授与され、中尉時代の1941年7月30日には騎士十字章に輝いている（41機撃墜）。1943年10月にEKdo16に着任し、1944年3月にはヴィトムントハーフェンに在駐する1./JG400の隊長に就任した。4月21日に同地でMe163BV16の離陸事故で負傷したが、7月には復帰してブランディスに戻り、1944年9月には1./JG400の隊長に復帰した。（JG400 Archive）

1944年3月10日、オピッツ中尉の操縦で、最初の作戦機となるMe163がヴィトムントハーフェンに到着した。また、装備となるMe163は解体と組み立ての手間を省くために、すべてバート・ツヴィシェナーンからヴィトムントハーフェンまで、Bf110を使って曳航された。5機の作戦機のうち最初の3機は4月10日に、残りの2機も4月20日に届く手はずになっていた。この期間の輸送記録は散逸しているので前後関係は明確でないが、BV9、BV16、BV20、BV29、BV34がヴィトムントハーフェンに最初に到着した5機である。BV16は3月29日に届いた。

　1944年3月15日が1./JG400での初飛行である。しかし、Me163を飛ばすのに必要な真水が足りなかった。プロペラントタンクの洗浄と、地面にこぼれだした燃料を希釈するためには、大量の真水が必要なのだ。「飛行士の巣」（フリーガーホルスト）が常設する水道タンクにも、充分な量はない。そのため、飛行中隊は自前の井戸を掘削したが、100mまで掘り進んでも充分な水量は確保できなかった。そこで空軍総司令部の許可を得てさらに掘り進み、142mに達したところで、ようやく任務をまかなえるだけの水が確保できたのである。

　1944年3月12日、連合軍の関心を引くのを避けるために、実戦を目的とした飛行を禁ずる旨の空軍総司令部の通達が、戦闘機隊総監経由で飛行中隊に届いた。しかし、通常飛行時の射撃訓練は許可している。実弾を使っての戦闘訓練は、この時までは行なわれていなかったが、この通達が後にパイロットに意図的に歪曲されて、弾薬を半量〜満載した状態の機が1日に2〜3度のパワー発進をする状況を作ることになる。

　Me163に搭載されていたMG151 20㎜機関砲と、MK108 30㎜機関砲は、それぞれすでに実戦で定評を得ていた武器だったので、部隊訓練はMe163の飛行特性下における射撃試験、つまり高々度飛行時ないし高速旋回時の射撃に力を入れていた。雲に空いた穴や、ちぎれた小さな雲が標的にされ

1921年3月16日生まれのハンス・ボット少尉は、1941年にヴァルネミュンデの第10A／Bパイロット訓練学校でプロペラ機の操縦を覚え、卒業後には同学校の教官になった。それからラッヒェン-シュパイエルドルフのJG106、フュルスのJG104での勤務を経て戦闘機パイロットになった。Me163との関わりでは、まずEKdo16に（1943年11月〜1944年2月）、次いでヴィトムントハーフェンの1./JG400に配属になった。同飛行中隊では、ただ1人の実戦経験がない戦闘機パイロットでもあった。（JG400 Archive）

1./JG400飛行中隊長のロベルト・オレイニク大尉とフランツ・レースル中尉。（JG400 Archive）

クルト・シーベラー伍長、ジークフリート・シューベルト軍曹、ハンス・ヴィーデマン伍長、1944年春、ヴィトムントハーフェンにて撮影。(JG400 Archive)

た。
　その結果、水平直進飛行時の射撃には問題はなかったが、時速800km以上を維持した高速旋回時に射撃すると、給弾ベルトがちぎれやすくなることが、間もなく判明した。胴体内の給弾箱に収納されている弾薬を、給弾ベルトを介して機関砲が引き出す仕組みが、機体が生み出す遠心力に耐えられないのだ。しかし、新しい給弾ベルトの開発には時間がかかり、部隊運用の足かせになる。これを嫌ったオレイニク中尉は、ドラム給弾式に切り換えるように提案している。続く試験飛行で、この切り替えはうまくいったが、実際に採用されるまでには至らなかった。
　4月になると連合軍の爆撃は目に見えて増加し、事前偵察の頻度も増したが、それでも空軍総司令部からの実戦飛行許可は得られなかった。毎日のように、少なくとも2〜3機のモスキートらしき高々度偵察機が飛行場上空に飛来し、堂々と航跡雲をひいて飛び去っていった。敵機を確認するたびに、Me163を待避壕に隠すのが飛行中隊の日課のようになっていた。中隊要員も飛行場の外に設けられた防空壕やタコつぼ、森の中に逃げ込むように命令されている。このような状況が続けば、作戦能力や整備能力が低下し、中隊全体の士気が著しく低下するのも、ごく自然な成り行きだろう。
　4月21日、離陸直後に発生するエンジントラブルは、バート・ツヴィシェナーンでは日常風景となっていたが、ついにヴィトムントハーフェンでも犠牲者が出てしまった。オレイニク中尉は約15回の実弾射撃試験飛行を重ねていたこともあり、自身、最後のつもりで飛行防護服に袖を通し、BV16のコクピットに乗り込んでいた。ところが離陸準備の真っ最中に、飛行場方向へ敵機が接近中であることを、無線が伝えてきたのである。燃料も武器弾薬も満載状態だったこともあり、まずはこれを隠すのを優先した。約1時間半後、「警報解除」のシグナルが出たのを確認すると、大尉は再び離陸準備に取りかかった。
　大尉のMe163が滑走路から無事に離陸し、ドリーが投下された直後、エ

ンジンが明らかに推進力を消失し、機体は上昇角を維持できなくなってしまった。オレイニクは即座にスロットルを絞り、エンジンを完全に停止させてから燃料を投棄した。機体はかろうじて高射砲塔をかわし、どうにか野原に向かって不時着体勢を整えられた。しかしスキッドを引き出して着地した時には、時速340kmもの対地速度が残り、しかも草が雨に濡れていた悪条件も重なり、停止までに600mも滑走してしまったのである。

　大尉がコクピットから這いずりだして主翼に滑り降り、そこから地面に転げ降りてみると、エンジンから火が吹き出しているのがわかった。顔が血まみれであることに気づき、背中をひどく負傷している感覚があったが、とにかく飛行機から離れねばならない。なんとか数メートルほど這いずるようにして離れて直後、機体は爆発したが、すぐさま高射砲塔の兵員が駆けつけてきた。炎上中の機体には手の施しようがなかったが、草むらに倒れているオレイニクを発見すると、すぐさま彼を安全な場所まで運び出したのである。応急処置が施され、オレイニクは救急車と部隊付きの軍医を待つことにしたが、不運なことに、軍医はまだ部隊に来てほんの数日しかたっておらず、Me163の事故には不慣れだった。オレイニクはザンデルブッシュの海軍病院に運ばれ、負傷した頭部と脊椎の治療を受けた。入院は6月末まで続いたが、彼は勝手に退院して、ギプスを付けたまま任務に復帰してしまう。

　1./JG400の飛行隊長には、5月からオットー・ベーナー大尉が着任した。それまではエベーレ中尉が隊長代理を務めており、オレイニクは彼を通じて中隊の様子を把握し、連絡を取り合っていた。その間に事故調査が進むと、T液の整流器に液漏れが発生し、腐食性燃料で人エラバーが溶けたことが原因であると判明した。ベーナー大尉自身も、5月28日に着地の失敗が原因で負傷している。

　1944年4月末から5月にかけての時期、中隊には次々と新しい機体が届いた。大半はベブリンゲンにあるクレム社製である。JG400への正式な引き渡しに先立ち、クレム社のチーフ・テストパイロットであるカール・フォイがヴィトムントハーフェンに赴き、機体の合格判定試験に臨んでいた。試験対象となるのは、BV43、BV44、BV46、BV50、BV52、BV54～57、BV59である。この中でBV43は改修を加えるために、6月12日、レヒフェルトに戻された。ところが7月19日にUSAAFが実施したレヒフェルト空襲に巻き込まれて破損し、そのまま遺棄された。理由はいまだ判明していないが、BV57とBV59は後にイェーザウとオラニエンブルクにそれぞれ移されている。5月中旬になると、ヴィトムントハーフェンには連続的に生産機が送られて来るようになったが、初回ロットの1番機、Me163B-0（BQ+UD）、製造番号440001は、5月26日にカール・フォイによって試験飛行されている。5月末にはクレム社製Me163の合格判定試験は、すべてケーニヒスベルク近郊のイェーザウにある空軍試験場で行なわれることになった。

　やがて間もない6月12日と13日に、EKdo16は戦闘機隊総監のスタッフが臨席するレヒリンで、デモンストレーション飛行をするようにというゴルドン・ゴーロップ大佐から命令を受けた。空軍試験局長ペテルゼン大佐の要請を受けてのものだった。この時の見学者には、Me163に関心を示しはじめていたゲーリング帝国元帥、ミルヒ元帥の他、日本、イタリアの

武官も同席していた。この時、実験飛行隊には離陸飛行に適した機体がなかったので、1./JG400から3機を借り受け、パイロットにはEKdo16のルドルフ・オピッツ大尉、ヘルベルト・ランガー中尉が乗り込むことになった。3機目の機体は飛行せず、視察用の展示機となった。

　2機のMe163BV29（GH+IH）とBV54（GH+IW）がヴィトムントハーフェンからレヒリンに曳航されてきた。1機目は6月11日、クルト・シーベラー伍長が、2機目は13日にルドルフ・ツィンマーマン軍曹がそれぞれ操縦していた。3機目の詳細は不明だが、クレム社製の機体だったと思われる。すでに先行してレヒリンに送られていたのだろう。

　6月12日、オピッツ操縦のBV29がレヒリンの空に飛び立った。ところが離陸後、ぐいぐいと高度を上げて2000mに達したあたりで、突然エンジンが停止してしまったのである。オピッツは再点火を試みたがうまくいかず飛行を断念、燃料を投棄して着陸した。後の調査で、キールから運び込まれたC液が非常に低品質であり、圧力調整用のフィルターが目詰まりを起こしていたことが判明した。深夜に到着した新しいC液も品質に問題があることが分かり、慎重に濾過して不純物を取り除かなければならなかった。努力の甲斐もあり、13日にオピッツとランガーが実施したデモ飛行は、極めて順調だった。しかし今度は着地退勢に入っているMe262の邪魔になるのを避ける羽目になってしまった。オピッツは飛行場に隣接する敷地外の空き地に着地を試みた。スキッドは軟弱な地面にめり込み、80mにわたって地面を深く耕した後で、最後は上下逆さまになって転倒した。漏れ出したT液がオピッツの身体に降り注ぎ、EKdo16の報告では左腕に第2度の火傷を負ってしまったのである。しかし、事故についてオピッツの記憶は多少異なっている。

「同じ日にデモ飛行していたジェット機から充分に安全な距離を取る必要から、私は滑走路の縁に沿って着地しようとしたんだ。ところが飛行場の高射砲部隊は滑走路の周辺に砲座用の穴を掘りまくっていた。緊急時に、すぐ砲座に着いて滑走路を攻撃から守るためにね。だけど、そんなことは我々のようなお客さんのパイロットには知らされていない。着地体勢に入ったとたん、目の前にいきなり塹壕が見えてきた！　誰もそんなことを警告してくれなかった。機体は前のめりになって、直立してしまい、しばらくそのままの姿勢で固まっていた。ところがやがて前方に倒れて、キャノピーが砕けてしまったんだ。幸運なことに、全ての出来事がゆっくりだったから、私は転倒事故では怪我をせずに済んだ。ハーネスを握りしめながら、助けが来るのを待ったんだ――すぐ近くにいたからね。彼らは大急ぎで穴を掘ってくれたので、私はつぶれたキャノピーからようやく這い出すことができた。ところが、もうすこしで抜け出せるか、そう思った瞬間、コクピットに炎が吹き込んできたんだよ」

「私はハーネスを外し、キャノピーの真下になっている地面に転がり落ちた。だけど、コクピット内にT液の漏出があることに、私は気づいていなかったのだ。知っていようが知るまいが、私は大急ぎで脱出しようとしていたのだけど、突然炎に包まれてしまった――グローブの繊維に染み込んだ燃料は皮膚にまで達した後で引火したので火傷は避けられなかった。固化して皮膚に張り付いた布地は、簡単には剥がせない。それでも救助班がすぐに駆けつけ、消防車の水を私にかけてくれた。私は飛行服の下に制服

を着用していたが、T液は背中にもたっぷりとかかっていた——そのことには気づいていなかったのだが。もちろん制服は綿製なので、救助班が飛行服を脱がせたとき、制服の腕と背中は焼け焦げていたのがわかった。ただ、燃料は下着にまでは染み込んでいなかったんだ。水を大量にかけてくれたので、皮膚にまで影響が出なかったらしい。いや、実際は本当に恐ろしい思いをしたのだけれど」

　クルト・シーベラーも救助に駆けつけた1人である。燃え上がるエンジンにひるまず、キャノピーの下に穴を掘って隙間を作ると、オピッツの身体をコックピットから引きずり出したのだ。「大尉殿、貴方は幸運ですよ!」と叫んでいた。そのとき、オピッツの飛行服には火が燃え移っていた。シーベラーはとっさに判断して、オピッツの全身に水を浴びせかけた。オピッツはヴィスマールの空軍病院で治療を受けたが、そこでベーナーと再会する。着地事故で負傷したベーナーが先に入院していたのである。

　実戦を目的とした飛行禁止命令は、結局のところ有名無実化することになり、連合軍機もこれまでのように飛行場周辺上空を安全に飛ぶことが望めなくなった。ヴィトムントハーフェンは連合軍の監視対象となり、7月6日の偵察飛行では7機のMe163の存在を確認している。これと同日、ルドルフ・ツィンマーマンはBV59（GN+MB）で迎撃を試みているが、接敵に失敗している。翌7月7日には、クルト・シーベラーがBV55（GH+IX）で2度の出撃をしているが、これも成功しなかった。朝の出撃でP-51ムスタングを、午後にはP-38ライトニングを狙ったのである。これがヴィトムントハーフェンにおけるMe163の最後の実戦飛行となった。

　1944年7月10日前後から、ブランディスへの1./JG400の機材の移送が始まり、7月17日までには機体の移動がほぼ完了した。すでに先遣隊がブランディスに赴いて、Me163の受け入れ準備をしていた。飛行可能な機体はブランディスまでBf110で曳航されたが、曳航機は途中で着地しなければならない事態に備えて、予備のドリーを積載していた。そして、天候の悪化で到着が遅れた1組が、ベルリン南方のドルクハイデ飛行場に着陸を余儀なくされたことで、ブランディス移送に際してこの予防措置が正しかったことが実地で証明されることになる。幅800m、長さ1000mしかない小さな飛行場だったが、Bf110の整備士の助けもあり、翌日には無事に飛び立つことができた。この時に使用した予備のドリーは不意の訪問を受けたドルクハイデ飛行場の記念品となった。

　同じ頃、フランツ・メディクス中尉が指揮するJG400の練成飛行中隊（Erg. St./JG400）もバート・ツヴィシェナーンからブランディスに移っている。

　ヴィトムントハーフェンからブランディスに移動した機体は、BV48、BV50、BV52、BV55、BV56、白の1、白の2、白の3、白の4、白の7（BV62）である。

　ヴィトムントハーフェンには、エベーレ中尉をはじめ、数人だけが残って残務整理をしていた。連合軍は8月15日の偵察でヴィトムントハーフェンにMe163を1機確認したと報告しているが、これが正しければ、第1飛行中隊は7月中にブランディスに全機を移設していないことになり興味深い。

　ポーレンツとラウリッツの間に広がる低地に飛行場が建設されたのは、1934年から35年にかけてのことである。飛行場の公式名は《ヴァルトポ

ーレンツの「飛行士の巣(フリーガーホルスト)」》だが、ブランディス飛行場とも呼ばれ、アメリカ軍ではポーレンツ飛行場と呼んでいた。戦前から戦時中にかけて《ブルーベリー》という暗号名が与えられていたブランディス飛行場は航空機搭乗員の訓練場であり、1943年初頭からは飛行中隊の基地となっていた。そして1944年から終戦までの期間は、デッサウにあるユンカース社製飛行機の実験飛行場となった。

　ブランディス飛行場には、まず最初に第1計器飛行学校が設けられた。訓練内容は当然、名称通りの計器飛行と航法である。1937年秋には航法訓練が北ドイツのアンクラムに分離し、ブランディスでは計器飛行訓練だけが行なわれるようになる。1943年10月15日には、計器飛行学校が第31訓練飛行学校に改組された。校長は第1次世界大戦を経験したベテランのパウル・オーエ大佐で、かつては第1戦闘航空団第10飛行中隊、通称「リヒトホーフェンの空飛ぶサーカス」として知られた部隊に予備仕官として所属していた人物である。

　ブランディスに到着してから3週間内外で、1./JG400はアメリカ第8航空軍の戦爆連合部隊を相手に、6度を数える激しい戦いに巻き込まれることになった。1944年7月28日、USAAFは第1、第3爆撃群をメルゼブルクとライプツィヒの爆撃に送り込んだ。B-17爆撃機の総数766機を、P-51ムスタング、P-38ライトニングからなる14個護衛戦闘機群が掩護するという、大規模な戦爆連合部隊である。陸軍航空軍のイントップ・サマリーには、この攻撃が次のように書かれている。「爆撃機および戦闘機への攻撃は認められなかったものの、ジェット推進のMe163戦闘機が登場したことは、もっとも注目すべき事態である。目撃情報から、6機から8機のジェット戦闘機が目標エリアに展開しているものと推測される。一部は0945時に爆撃機搭乗員に目撃され、1122時には戦闘機パイロットが別の敵機を目撃した。搭乗員の報告によれば、敵ジェット機は爆撃機の編隊の中を攻撃せずに通過したとのことで、極めて高い機動性を持っていたが、不安定であるように見られた。しかし、上昇性能は際立っていて、P-51には追跡不可能だった」

　第395戦闘航空群（P-51戦闘機56機）では、0946時に5機のMe163を目撃している。同司令のアヴェリン・タコン大佐は、次のように報告している。「1944年7月28日、0946時、メルゼブルク上空で私は2機のMe163に遭遇した。私の小隊の8機は、メルゼブルク爆撃を開始したばかりのB-17コンバットウイングの近接護衛で手一杯だった。爆撃機群は高度7320mで南方に飛行中であり、我々はこれに並行して東方1000mほどを高度7650mで飛行中だった。その時、誰かが後方上空に航跡雲を確認したと叫んだ。私は振り返り、高度1万m、約8kmの距離に2本の航跡雲を目視した。私は即座にジェット戦闘機であることを伝達した。このような航跡雲を見間違えるはずがない。白くて、積雲のように密度が濃い雲が見る間に伸びて行く。目視でその長さを1200mだと判断した」

「我々は即座に敵機に向かい反転しながら、増槽を捨て、射撃スイッチを解放した。そこに5機のMe163を確認して、私はやや面食らった。ジェット推進をしていたのは2機だけで、残りの3機はエンジンを切っていたことに気づいたのだ。最初に確認した2機は見事な編隊を維持しながら左に旋回し、爆撃機の後方上空を占位しようとしていた。そして旋回を終え

第395戦闘航空群司令のアヴェリン・P・タコン・ジュニア大佐。1944年7月28日撮影。（本人所蔵）

1944年8月4日、クルト・シーベラー伍長の乗機、Me163B V53 製造番号 16310062 "白の9" を撮影。この日の夕方、彼は12分間の試験飛行を実施した。垂直尾翼の機体番号に続く「X」のレタリングについて、満足のいく説明は見つかっていない。(EN Archive)

るや、彼らはエンジンを停止した。我々は彼らに真正面から接近し、敵と爆撃機との間に割り込む位置関係になった。敵と爆撃機群との距離は約2700mあり、やや左寄りに旋回して我々をやり過ごすと、爆撃機群から離れていった。旋回時の敵機のバンク角は約80度ほどあったが、コースは20度ほどしか変わらなかった。敵は爆撃機を攻撃しなかった。敵が見せる旋回率は極めて良好だが、旋回半径はかなり大きい。私の見積もりでは、控えめに見ても時速800〜860kmは出していたのではないか」

「私は彼らがダイブを開始した瞬間から攻撃までの一連の動きを捕らえたが、近距離から観察する機会はなかった。敵編隊は近接隊形を維持し、エンジンを切った状態で我々の約100m下方を通過した。私は彼らを追うためにスプリットS［訳註11］に入った。敵ジェットが真下を通過した直後、敵のうち1機は降下角45度のダイブを継続し、残りは50〜60度の上昇角を維持しながら太陽に向かって飛んでいた。私は太陽方向を一瞬見上げたが、そちらは見失ってしまった。そこで、約1秒ほどの遅れの後にダイブ中の別の1機に向きなおすと、目標は約3000m下方、距離8kmを飛行中だった。私には見えていなかったが、第2中隊長機の報告で、太陽に突っ込んでいった敵ジェットの編隊は短時間のジェット噴射の後に上昇に転じたとのことだ。中隊長が目撃したところ、敵機はジェット噴射跡を残して高速を出したとのことである。敵編隊は姿を消し、我々はその行方を追うことができなかった」

「敵機の航跡雲は見間違いようが無いほど密度が濃くて白く、積雲にも例えられるほどで、最長1200mにも達していた。私の小隊機が180度旋回し

訳註11：180度ロールして背面飛行に入り、ピッチアップによる180度ループを行なうことで縦方向にUターンする空戦機動のこと。高度が下がる代わりに、速度をそれほど落とさずに進行方向と機体の向きを真後ろに切り換えることができる。

飛行準備中の機体に、幾人かのパイロットが集まっているこの写真は、宣伝用に撮影されたうちの1枚だといわれている。被写体に使われている機体はMe163"白の12"で、電話機を使っているのがジークフリート・シューベルト軍曹である（左から2人目）。主翼に置いている野戦電話は、離陸準備時にパイロットと指揮所の連絡に用いるものである。
(JG400 Archive)

て後方に向き直ると、2機がジェット噴射中で、残り3機がエンジンを切り滑空飛行をしていたことがわかった。パイロットは全員ともベテランに違いなかったが、戦意には乏しかったようだ」

1944年7月31日、1/JG400は16機のMe163可動機を保有していたが、戦闘可能なのは4機だけだと報告している。

同年8月16日、第8航空軍はデーリッチュ、ハレ、ベーレン、シュクロイディッツを爆撃したが、このうちブランディスのMe163による迎撃範囲には後者3都市が入っていた。爆撃部隊の内訳は、11個コンバットウイング、425機のB-17爆撃機と、48機のP-47サンダーボルト、241機のP-51戦闘機の6個戦闘機群からなる戦爆連合である。陸軍航空軍イントップ・サマリーは強調する。

「1050時、ハレ攻撃に向かうコンバットウイングから落伍した1機のB-17が、ケーテンの西方8kmを飛行中のところ、Me163から迎撃を受けた。しかし、B-17は無事に帰投した。一方、ベーレンを爆撃した第2コンバットウイングは、1059時、目標の爆撃を終えて帰投中のところを2個編隊6機からなるジェット戦闘機から迎撃を受けた。接触は2度あり、最初は上空11時の方向からの接触で、爆撃機群と交差した後、敵機は旋回して後方の上空600mから再接近してきた。敵機はジェットエンジンを切ったまま、翼内の機関砲を発射した。相互距離が180mまで迫ると、敵機はジェットを点火して速度を上げ、戦闘空域を離脱した。その速度は余りにも速すぎて、追跡は不可能だった」

敵機はMe163であることが確認された。

第305爆撃航空群所属のB-17、ノーサンプトンシャーのチェルヴェストン基地に帰還した直後の撮影。チャールズ・ラヴァディール中尉が機長を務める写真のXK-Bは、1944年8月16日、ハルトムート・リル少尉の攻撃をかいくぐって帰還した事で一躍有名になったが、攻撃の様子はジークフリード・シューベルト軍曹のガンカメラで一部始終記録されていた。（アメリカ国立公文書館）

　戦後の調査で、この日の爆撃で次のようなB-17の被害状況が明らかになっている。

**【第91爆撃航空群】**
B-17 OR-N 42-31636　アウトハウス・マウス号（W・リーゼ・ムリン中尉）ハルトムート・リル少尉機により攻撃を受ける

**【第305爆撃航空群】**
B-17 XK-B（チャールズ・ラヴァディール少尉）　ハルトムート・リル少尉機の攻撃により大破、機銃手2名戦死
B-17 XK-D　攻撃を受ける
B-17 XK-G（W・E・ジェンクス少尉）攻撃を受ける
B-17 XK-H　タワーリング・タイタン号（D・M・ワルツ少尉）ストラツニッキー機の攻撃を受ける

　B-17爆撃機、タワーリング・タイタン号の機長、ドナルド・M・ワルツ少尉は、攻撃を受けたときの様子を次のように回顧している。
「私の階級は少尉で、イングランドのチェルヴェストン基地に駐屯していた第8航空軍第305爆撃航空群第365爆撃中隊に所属するB-17のパイロットだった。8月16日の朝、私はクルーたちと、ライプツィヒの南西部近郊にある石油精製工場を爆撃するというその日の作戦について打ち合わせをしていた。ライプツィヒの場所を考えると、ドイツ本土への危険な長駆爆撃になる。我々は最大量の爆弾と燃料を積み込んだ。12機全てがB-17で編成された我々の爆撃中隊は各4機からなる3個編隊に分かれていた。私はW・E・ジェンクス中尉操縦の中隊長機から離れた、左翼を形成する4機を率いる立場だった。チャールズ・ラヴァディール少尉の機が、中心位置だ

ったように思う。

「爆撃航空群では、この10日間というもの、ドイツ上空に出現した新手の"ジェット"戦闘機——Me163の迎撃への対処方法で持ちきりだった。8月16日早朝のブリーフィングでは、情報士官がMe163について詳細を報告した。彼の言葉では、この戦闘機は初期生産型——つまり、まだ数が揃っていないので《ライプツィヒ爆撃で遭遇することはないだろう》と判断していた」

「さらに彼が続けるには、Me163は《誰もが初めて目にする速度を出す高速戦闘機》だから、もし遭遇したら即座に識別できると付け加えてくれた。今回の作戦は長くてきつい戦いになると覚悟した。もし1944年秋までにドイツの工場がこんなジェット機を大量生産したら、陸軍航空軍とイギリス空軍にとってヨーロッパ上空の戦いはひどい重荷になることがはっきりしていた」

同じくタワーリング・タイタン号の航法士であるポール・デヴィッドソン少尉は、日記に次のように書いている。

「ドイツ上空は飛行機の機影で暗くなるほどだった。ドイツ南東部を焼く激しい火災は数km離れていてもはっきりと見えたよ。迎撃空域と目標上空の高射砲火もすさまじい密度だ。機体には7ヶ所に穴が空き、うち1つはエンジンからほんの2インチしか離れていない部分に命中していた。もしエンジンをやられたら致命傷だったに違いない。1056時、敵のジェット戦闘機が上空6時方向から襲ってきた。尾部機銃手のハワード・カイセン

B-17爆撃機"タワーリング・タイタン"号とその搭乗員。1944年8月、イングランド、チェルヴェストン基地で撮影。前列左から右に：ポール・ケネディ曹長（無線士）、ジョー・クッケル曹長（飛行技師）、ハワード・カイセン軍曹（尾部機銃手）、マーヴィン・デニス軍曹（球状砲塔機銃手）。後列左から右に：コリン・レイラ軍曹（胴体機銃手）、ドナルド・ワルツ大尉（機長）、ポール。デヴィッドソン大尉（航法士）、サム・ステンパー中尉（爆撃手）、ジョン・キーサー少尉（副操縦手）。（ドナルド・ワルツ氏所蔵）

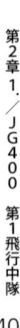

軍曹（皆からは"レッド"と呼ばれていた）は、敵に機銃を撃ち続けていた。"レッド"はクルーの中でも機銃の名手として知られていた。Me163は機体から45mまで迫ったが、"レッド"の掃射を浴びると、ズタズタにされた。Me163は黒煙を吹きながら墜落していったよ」

　カイセン軍曹は、撃墜したMe163は1./JG400のヘルベルト・ストラツニッキ軍曹の乗機だと主張している。確かにストラツニッキー軍曹はこの日の出撃で負傷し、機から脱出している。最初は戦死したと見なされた。Me163は墜落の衝撃で爆発炎上している。

　他方、メルゼブルク近郊のロイナにある石油精製工場爆撃から帰還する主力部隊の中に、不調にあえぐB-17爆撃機があった。第91爆撃航空群所属、W・リーズ・ウォーカー・ムリン中尉のアウトハウス・マウス号である。同機は爆撃任務のかなり最初のうちから、迎撃に出たIV.Sturm/JG3所属のFw190戦闘機の攻撃で損傷していた。過給機が壊れ、搭乗員2名が重傷を負うという深刻な状態にあったのである。1045時、1./JG400のハルトムート・リル少尉は、このB-17の後方上空から滑空飛行で接近すると、狙いを定めて機関砲を叩き込んだ。ムリン中尉は急上昇と急降下を繰り返して緊急回避を試みた。「我々は前後左右がわからなくなるほどめちゃくちゃになったよ」と副操縦手だったフォレスト・P・ドレウェリー少尉は、新聞の取材に答えている。リル少尉は必死の回避を試みている鈍重な敵爆撃機に、命中弾を加えられなかった。この攻撃には別の目撃者がいた。

　第359戦闘航空群第370飛行中隊のジョン・B・マーフィー中佐は、1944年8月16日の戦闘報告書に次のように書いている。

「我々がライプツィヒ南東、高度8300mで友軍機を護衛していた時、後方および左方向から航跡雲が急上昇するのを発見した。航跡雲が伸びる速度の速さを見て、私はジェット戦闘機の迎撃だと判断した。速度と高度を活かした攻撃には太刀打ちできない。しかし右方向、高度7600mのあたり、

B-17爆撃機"アウトハウス・マウス"号とその搭乗員。しゃがんでいる前列左から右：ジェームス・R・ナウプ曹長（無線士）、ケニス・I・ブラックバーン軍曹（球状砲塔機銃手）、ジョー・V・カレン軍曹（補助技師兼胴体機銃手）、ロベルト・D・ルーミス軍曹（装填手兼胴体機銃手）、ゴードン・D・スミス軍曹（尾部機銃手、8月16日の任務ではM・D・ベイカー軍曹が代理で搭乗）、カール・A・ディクソン曹長（技師兼上部機銃手）。後列、左から右：レイモンド・ナッシンベニー准尉（副操縦手、16日の任務ではフォレスト・D・ドレウェリー少尉が代理で搭乗）、W・リーズ・"ムーン"・ムリン中尉（機長）、ジョン・オコーナー少尉（航法士兼機首機銃手）、O・V・チャニー准尉（爆撃手兼機首下部機銃手）。（ジェームス・R・ナウプ／ゲージ・オールデンワーラー氏所蔵）

W・リーズ・ウォーカー・ムリン中尉が機長を務める、第91爆撃航空群所属のB-17爆撃機、アウトハウス・マウス号は、第8航空軍の中でMe163から最初に攻撃を受けたB-17の1機である。1./JG400のハルトムート・リル少尉は、ハレ、ベーレン、シュクロイディッツ爆撃任務中の爆撃機群に対し、後方上空から滑空飛行で追い、攻撃してきたのである。（ジェームス・R・ナウプ／ゲージ・オールデンワーラー氏所蔵）

ライプツィヒの東を、北に向かってよたよたと飛んでいるB-17がいたのに気づいた私は、そちらに機首を向けた。彼が狙い撃ちされるに違いないと判断したからだ。敵ジェットの航跡雲は、B-17の編隊から約500メートル離れたあたりで途切れたが、私はその瞬間から、編隊機に紛れつつ、敵機を視界に捕らえ続けていた。敵機は爆撃機群を通過すると、私が介入するよりも先に問題のB-17に迫っていた。それでも、なんとか追いつける距離だと判断した」

「B-17を追い越すと、敵は水平飛行に移るそぶりを見せたので、私は敵機に近づいて、約300mの位置から飛び越すまで射撃したんだ。敵機の胴体左に数発命中した手応えがあった。私はギリギリ限界まで左旋回して、敵機に振り切られたり、僚機を見失わないようにと必死に踏ん張った。ウィングマンのジョーンズ少尉の証言では、ジェット機はこの時ひっくり返るように反転したとのことで、敵の動きに合わせたジョーンズの射撃は、確実にコクピットを捕らえたとのことだった。ジョーンズは敵機を追って急降下に入ったが、失神しかけたとのことだ」

「私が左方向へのシャンデル（斜め上方宙返りで高度をかせぐ機動）を終えると、別のジェット戦闘機が私の左方向を飛び、ジョーンズ機は右方向のかなり下を飛んでいるのが目に入った。新手のジェット機が左方向に緩降下したのを認めると、私はこれを追うことに決めた。敵機を追い越すまでに、2度の旋回をすることになると予想した。ところが、また今回も敵機を追い抜きかけていることに気づいたものの、230mほどの距離から発射した弾丸が続けざまに命中したのが確認できた。敵機の胴体にまんべんなく命中したんだ。機体から大きな部品が剥がれた直後に大爆発を起こし、さらに細かい部品が散っていた。爆発で生じた煙の中を飛び抜けると、コクピットの中に化学薬品のような奇妙な臭いが入り込んだのがわかった。

キャノピー後部からずんぐりした線を描いている敵機の胴体から漏れ出した燃料か何かだろうと思った。私は敵機を追うように降下した。撃墜を確認するためだ。しかし、距離3.2kmの、ほぼ同じ高度に別のジェット機がいることを発見すると、私はそちらに向かうことにした。ところが、燃料も私自身も消耗し尽くしていたことに気づき、私は戦闘を諦めて帰途につくことにしたんだ」

「ジェット戦闘機を最初に見た時、じっと耐えるしかない、それだけしか考えられなかった。追いつける見込みなんて無いはずだったけど、何とか食らいついていこうとして起こした不自然な動きが引き金になって、うまくいったみたいだ。だけど、もし彼らのような敵に遭遇したら、パイロットはみな同じような反応をすると思うよ。強調しておきたいのは、ジェット機の速度はかなり変化すると言うことなんだけど、これは実際に、意外と簡単に彼らに追いついてしまったという経験をしてみないと気づかないかも知れない」

「実感としては、(Me163は)下からの攻撃、それから主翼の大きさから考えて側方からの接近する機体に対して死角が多いのではないだろうか」

「私は2機のジェット戦闘機を撃墜破したと思っているのだが、1機しか認められていない。しかし、彼らの動きや位置関係を考えれば、これで済むはずがない。だからMe163に対して、1機撃墜、1機撃破の戦果をあげたという主張を引っ込める気はないよ」

　マーフィー中佐と一緒に飛んでいた第370飛行中隊のシリル・W・ジョーンズ中尉の報告は次の通りである。

「ホワイト隊の隊長機から、敵ジェット戦闘機が、我々が護衛中の爆撃機群を通過したと一報を受けたとき、私はホワイト隊2番機として飛行中だった。隊長機からは、敵機から目を離すなと指示が飛ぶ。我々は爆撃機群から約3kmほど離れた空域を飛行し、敵ジェットは爆撃機群と反対方向にいた。ホワイト隊隊長機は落伍していた1機の方へ機首を翻して向かっていった。このままでは敵ジェットの餌食にされる可能性が高い機体だからだ。ところが我々も旋回を開始すると、隊長機が指示したのとは別の3機が航跡雲を曳いているのに気がついた。この新手は別の爆撃機群を目指しているようだった。航跡雲の先端に機影はなかったが、今追っているのと

1944年8月16日の戦闘に関する、ジョン・B・マーフィー中佐(右)の報告書には、別のMe163との戦闘に向かう前に、ハルトムート・リル少尉のMe163を撃破したと書かれている(彼の僚機を務めていたシリル・W・ジョーンズが確実撃墜にした)。(ジョン・B・マーフィ中佐所蔵)

Me163に搭乗した1./JG400のハルトムート・リル少尉。彼は同航空団で最初の戦死者となった。戦死した戦闘で乗っていた機体の詳細は不明であり、戦死報告書にも機体番号が不明と附記されている。
（JG400 Archive）

は別の敵ジェットがいたに違いない。それでも私は気を取り直して、隊長機の動きを追うのに集中したんだ」

「我々が迎撃を試みた敵ジェットは爆撃機群をやり過ごす軌道に入り、後は落後機を目指すだけの体勢に入っていた。そして追い越して前方450m付近に抜けると、右旋回して距離を取った。これにあわせ私の前方300m、上空150mを飛んでいた隊長機が攻撃位置についた。隊長機が射撃が敵機の尾部周辺に命中したのが分かった。直後、隊長機は離脱し、私はスプリットSで逃れようとする敵ジェットの追尾を続けた。敵機のやや前方を狙って短く射撃したが命中はしなかった。私はもう少し敵ジェットの前方を見越し、再度射撃した。敵ジェットのキャノピーが完全に吹き飛んだように見えた。急速に敵機との距離が縮まり、あやうく衝突しかけたので、私は慌てて敵機をやり過ごしたところ、後流につかまって反転してしまったのだ。なんとかして機を立て直したが、私は一時的に空間失調を起こしてしまい、敵ジェットの姿を見失ってしまった。4300mまで高度が下がっていたので、7000mまで上昇しなければならなかった。機銃がキャノピーに命中したのは確実なので、おそらく敵パイロットは死んでいただろう。私は1機撃墜を申請した。隊長機の姿が見当たらなく、燃料も残り少なくなっていたので、帰投することにした」

「ジェットエンジンが作動中のMe163には、P-51ではとうてい追いつけないが、ジェット飛行中でなければP-51よりも速度は遅いようだ。滑空飛行中のMe163の速度は増減もめまぐるしくて計測は困難である。Me163とドッグファイトと呼ぶほどの経験ができなかったこともあり、敵機の機動性を判断する材料は乏しい。Me163は垂直に近い軌道で上昇し、水平飛行の速度でも我々のプロペラ機ではかなわない。だが、それはエンジン点火時の話だ。Me163はエンジンを点火した瞬間に、速度を上げることができる」

　1./JG400所属のハルトムート・リル少尉は、ライプツィヒの東南東、バート・ラウジック上空で戦死した。彼の乗機だったMe163は、損失記録が不完全で、製造番号は163100xxと、下二桁が不明である。機体の墜落座標はLF4/LF6、墜落時刻は1052時である。

# chapter 3

## 2./JG400　第2飛行中隊
### 2. STAFFEL / JAGDGESCHWADER 400

　公式記録では、第400戦闘航空団／第2飛行中隊（2./JG400）が創隊された日付は1944年3月27日であり、7月22日まで存続している。同じ記録には2./JG400が7月末になる以前にフェンローに到着したことが書かれている。本土防空部隊が保管していた第2飛行中隊の定数に関連する統計資料によると、中隊は12機を保有しているが、4月10日の時点で作戦機は1機もない。そして、以降の日付では2./JG400に関する数字が無く、オラニエンブルクをすでに後にしていたことしかわからない。また、この間の事を回想した中隊所属パイロットの記録もない。おそらくオラニエンブルクは、中隊配属となった地上要員の集結地であり、彼らはここで技術訓練を受けたのだろう。

　空軍設営局長ハンス=ゲオルク・フォン・ザイデルの命令によって、1944年4月6日、2./JG400が正式に創隊された。命令は直ちに実行に移され、飛行中隊は第III空軍管区の指揮下に入っている。

　ところが、ベーナー大尉によれば、2./JG400は1944年7月初頭に、バート・ツヴィシェナーンにて大尉の指揮の下で編成されたとのことだ。所属パイロットには、ヨアヒム・ビアルカ中尉、ギュンター・アンドレアス少尉、ロルフ・シュレーゲル少尉、ハインンツ・シューベルト少尉、ヤコブ・ボーレンラス曹長、フリッツ・ヒュッサー曹長、フリッツ・ケルプ曹長、ホルスト・ローリ軍曹、マンフレート・アイゼンマン伍長、ロルフ・ゴログナー軍曹、エルンスト・シェルパー伍長である。また、地上管制官のドーゼル少尉も中隊に配属された。

オットー・ベーナー大尉とMe163、1944年8月、フェンローで撮影。ベーナーは1934〜35年にかけての時期に操縦ライセンスを取得した。オルデンブルクで空軍の徴兵名簿に登録された後に、ヴェルノイヒェンの戦闘機学校に入学する。1937年4月には少尉に昇進してマンハイムの4./JG334（後にJG53に改称）に赴任し、フランス戦では3機撃墜を報告している。1940年10月には6./JG53の飛行中隊長に任命され、バトル・オブ・ブリテンで護衛任務にあたった後、部隊はシチリア島に移り、1942年3月以降はJG53の技術士官として北アフリカ戦に従事した。1943年8月にはバート・ツヴィシェナーンに移設される直前にEKdo16に転籍となり、ペーネミュンデに赴いた。1944年1月にヨセフ・"ヨッシ"・ペース中尉が事故死すると、EKdo16の技術士官となった。4月21日、オレイニク大尉の事故を受けて、ベーナーは1./JG400の飛行隊長に就任する。そして5月28日にヴィトムントハーフェンでの事故と治療期間を挟み、7月にはフェンローの2./JG400の飛行中隊長となった。（オットー・ベーナー所蔵）

2./JG400の配備機はクレム社製で、イェーザウから運ばれてくる。8月後半に、飛行中隊はオラニエンブルクで配備機の受け取りを完了した。8月4日から24日にかけて機材は全てイェーザウからここに運ばれた後、組み立てと合格判定試験が行なわれたのである。機材の運搬には鉄道が用いられた。

アンドレアスとビアルカの2人は6月末にフェンローに先行して、現地での2./JG400の受け入れ準備を命じられ、ベーナー大尉は短期入院のあとで、7月初頭にバート・ツヴィシェナーンに帰還した。大尉は5月28日にBV57に乗っていたところ、ヴィトムントハーフェンで着陸事故を起こし、頭部を負傷していた。この治療が長引いていたのだ。降着装置の故障に伴い、燃料を一部残したまま着陸を試みて高度を下げた際に、フラップを収納する時間が得られず、トウモロコシ畑に不時着するのが精一杯だったために起こった事故だった。トウモロコシ畑を選んだのは、畑の外見が充分なめらかに見えたからだ。ところが、停止する前に機体は宙に大きく跳ね上がり、ベーナー大尉は照準器に頭を強くぶつけ、入院するほどの重傷を負ってしまったのである。中隊長代理にはハインツ・シューベルト少尉が選ばれたものの、ベーナーの怪我は完治せず、また治療が必要となった。大尉がフェンローで部隊と合流を果たしたのは7月末だった。

7月中旬には、中隊はフェンローへの移動を完了している。しかし当時、部隊には装備機が無く、ベーナー大尉が復帰した直後に、ようやく最初のMe163が到着した。フェンローでの最初の数週間は、もっぱら訓練に費やされたが、他にI./NJG1とIII./KG3それぞれの飛行中隊と、第410実験飛行隊が同じ飛行場を共同使用していた。最初に到着したMe163を操縦したベーナー大尉は、次のような感想を残している。

「飛行場はわずかながら傾斜しているので、特に西から着陸を試みると、砂丘から生じる上昇気流で機体が持ち上がり、突然、滑走路がものすごく短くなったように感じられると聞いていた。同じ事が私にも起こった。滑走路上で停止しきれなかったのだ。それ以上のことは無かった。機体は全損したが、私は無事だった」

7月26日、訓練飛行中にローリ軍曹が事故を起こし、BQ+UL（Wk-Nr.440009）が損傷した。

1944年8月12日には、ヨアヒム・ビアルカが悲惨な事故で落命した。アンドレアスによれば、

「夕食後、我々は宿舎にもどってくつろいでいたんだ。2100時、見廻り士官の仕事として、私は飛行場のパトロールに出た。2300時、ちょうど私が正門にさしかかると、オートバイに乗って待っているビアルカ中尉に気づいたんだ。彼のことを知らない門衛は彼を通過許可を与えるかどうかで混乱していたようだ。中尉は私に気づくと嬉しそうにして、なんとか通過を許してもらえないかと頼んできた。そうすれば飛行場を横切って、妻が暮らしているドイツ側のカルデンキルヒェンへの近道になるからね」

「宿舎に戻った私は眠りにつこうとした。すると、隣室のベーナー大尉の部屋の電話が鳴り出した。大尉は電話相手に向かい、行方不明の中尉はいないと答えていたんだ。中隊装備のオートバイが死亡事故を起こしたという知らせだった。中隊に中尉はビアルカしかいない。私は即座に状況を理解した。ビアルカ中尉の部屋に行ったが、彼の姿はない。まだオートバイ

ハインツ・シューベルト少尉。ベーナー大尉がヴィトムントハーフェンでの負傷の治療にあたっている間、2./JG400の中隊長代理を務めた。（JG400 Archive）

に乗っているのだと結論づけるほか無かった。ベーナー、シューベルト、そして私は事故現場に急ぎ、そこで変わり果てた中尉の姿を見た。彼は飛行場を横切り、暗闇の中を走って気づかなかったのだろうか、トラクターに牽引されていた夜間戦闘機のプロペラに衝突してしまったのだ。投げ出された彼の身体は、飛行機の前輪に轢かれていた」

　フェンロー飛行場は繰り返し、爆撃の標的にされていた。報復兵器V1ロケットのプラットフォームに使っているHe111が駐機しているからだろうと、フリッツ・フッサーは考えていた。フッサーによれば、V1を積んだまま爆発に巻き込まれて四散したHe111もあったとのことだ（He111はIII./KG3が運用していた）。しかし、ベーナーはこれとは別の分析をしていて、夜間戦闘機の発進を妨げるのが連合軍の狙いであり、ゴーロップ大佐がフェンローに再三視察にやってくる理由も、そこにあるのだろうと考えていた。

　1944年8月15日、USAAF第390爆撃航空群（L・W・ドーラン大佐）のB-17部隊がフェンローを爆撃した。これは同飛行場が経験した最初の本格的な空襲である。飛行場への攻撃はマーヘル中尉が指揮し、1000発を超える100ポンド多用途爆弾が飛行場に降り注いだ。

　2./JG400が最初に実戦を経験した日付は不明だが、5機が緊急発進して失敗したという内容は判明している。ベーナーの記憶では、ブランディス飛行場の1./JG400に所属するジークフリート・シューベルト軍曹が、ベー

クレム社製の機体（製造番号440014）を離陸準備中のオットー・ベーナー大尉。この時の生産バッチにはBQ+UDからBQ+UWの識別コードが与えられているので、製造番号440014はBQ+UQのはずなのだが、写真には写真の機体には識別コードが描かれていない。（EN Archive）

レンを空襲したB-17爆撃機の撃墜報告をした日、つまり8月16日の翌日、ないし翌々日のことだという。2./JG400の初出撃には、アンドレアス、ボーレンラス、シェルパー、ケルプ、ハインツ・シューベルトが参加した。

9月2日、ベーナー大尉は基地司令官から、敵の接近に伴い、翌日にはフェンロー飛行場を破棄する旨を通達された。当然、Me163を適当に遺棄するわけにはいかないので、ヴェセルまで陸上輸送する事にした。主翼は全て胴体から外し、目的地まで夜間輸送するのだ。爆撃を避けるため、森の中でビヴァークしながらの輸送だったので、中隊が目的地に到着するまでには3日ほどかかっている。機体は落下式ドリーを装着した状態で牽引され、給油車は間に合わせの輸送車となって、中隊の装備が積み込まれていた。ドリーは輸送用に作られているわけではないので、絶えずあちこちに油を差さなければならなかった。

とつぜん現れた「秘密兵器」に目を丸くしている住民の静かな驚きの中を、輸送車列はようやくヴェセルに到着し、次の指示を待った。やがて、ゴーロップ大佐から機体や機材を森の中に隠して命令を待っていた中隊に命令が届く。それは、このまま資材をブランディスに鉄道輸送するという内容の新しい命令だった。9月3日、フェンローはアメリカ軍の猛砲撃を受けた。

新たな移動場所の変更を受けて、ギュンター・アンドレアス少尉は、先にブランディス赴き、2./JG400の到着に備えることになった。そして彼がブランディスに到着した翌日、中隊付きの上等兵から、装備を満載した2両の鉄道貨車が飛行場の脇に停車して、貨物の引き渡しを待っている旨の報告を受けた。中隊の人員よりも先に装備が届いてしまったというわけだ。ベーナー大尉以下の中隊員が到着したのはさらに2日後のことだった。

この鉄道貨物はちょっとした武勇伝を含んでいる。これはもともとブリュッセルからフェンローに送られた貨物で、2名の兵士が管理に当たっていた。ところが、フェンローに着いてみると、そこは中隊の移動で混乱の極みにあり、当然の結果として、貨物の引き受け担当者が見つからなかった。彼らがベーナーに事情を報告すると、ベーナーはなんとかしてブラン

1944年9月初週にブランディスに移動する直前、1944年8月27日にフェンローに基地を置く2./JG400のMe163が、デュッセルドルフの12km北西、ホンベルクにある精油所爆撃に向かう途中のイギリス空軍機、ランカスターおよびハリファックス爆撃機の迎撃に出撃した。しかし直後にこのMe163は、護衛任務に就いていたジョン・チェケット中佐（写真）の第303戦闘機中隊のスピットファイアに捕捉されてしまう。チェケットの乗機はロケット戦闘機から攻撃を受けたが、なんとか振り切ることができた。終戦までに15機を撃墜し、空戦殊勲十字章と殊勲章を授与されたニュージーランド出身のエースの面目躍如だろう。左の写真は爆撃機群を護衛するスピットファイアと、これを追って上昇中のMe163が写っている。(EN Archive)

ディスに向かう足を自ら確保するように求めた。2人の兵士はこの任務を見事にやってのけた。彼らは機関士や鉄道員を（充分すぎるほどの物資で！）買収して列車を走らせ、中隊よりも先にブランディスに到着してしまったのである。貨物の中身は数え切れないほどのコニャックやリキュール、ワインであり、中隊に割り当てられた倉庫には収まりきらないことが判明した。どうにかして場所を確保すると、中隊は間もなくお祭り騒ぎになった。

ハンス・ヘーファー軍曹は、この時のらんちき騒ぎをよく覚えていた。
「1944年8月、私は空軍第211通信連隊から、オットー・ベーナー大尉の2./JG400に転属となりました。当時、中隊の基地はまだフェンローに置かれていました。小隊長のドーゼル少尉と私はフェンロー飛行場の管制塔に隣接するように、Me163を運用するための指揮所を設置するように命令を受けました。我々は、もう何年もフェンローにいるNJG1の夜間戦闘機部隊のために、同じ作業を繰り返しています。しかし、Me163とそのパイロットたちを見たのは、この時が初めてでした。私は仕事を通じてベーナー大尉と非常に良好な関係を築きましたが、私は地上管制官であり、大尉からは部外者と見なされてしかるべき立場でした。直後、部隊は激化する爆撃を避けるために、ブランディスに移動することになります」

「我々は鉄道駅の傍らに遺棄されていたNJG1の荷物を発見しましたが、ベーナー大尉の計らいで"転送先"を書き換え、ブランディスに送ってしまったのです。2両の貨物車の中身を知ったときには、歓声を上げるほかありませんでした。飲みきれないほどの酒が詰まっていたのです。そして、言うまでもありませんが、幾度となくパーティが催されました。後になってこの物資の売り上げを計上したところ、5万3000帝国マルクもの金がブランディスの銀行口座に入ることになったのです」

「私とドーゼル少尉はブランディスに無線基地を設置しました。場所は飛行場と街を結ぶ幹線道路の傍らを選びました。思い出す限り、Me163用のレーダーはそこから1kmほど北の、滑走路の西端に設置しました。時間が許す限り、私はMe163の離着陸や飛行の様子を見学しました。そんなわけで、パイロットたちと顔見知りになるのに時間はかかりませんでした」

9月、フェンローからブランディスに移送されたMe163の内訳は、次のように考えられている。

Wk-Nr.440003（BQ+UF）
Wk-Nr.440006（BQ+UI）
Wk-Nr.440007（BQ+UJ）
Wk-Nr.440013（BQ+UP）
Wk-Nr.440014（BQ+UQ）
Wk-Nr.440015（BQ+UR）

アメリカ陸軍第35歩兵師団で編成されたバーナード・A・バーニ大佐が率いる機械化歩兵部隊がフェンローを占領したのは1945年3月1日の事である。間を置かず、アーロン・ハイゼン中佐の第852航空工兵大隊が到着して、飛行場の修復に着手した。めちゃくちゃになっていた格納庫の中には、わずかばかりのMe163の残骸が確認できた。

# カラー塗装図
## COLOUR PLATES

**1** DFS194、ペーネミュンデ、1939年11月

**2** Me163A V4 Wk-Nr.1630000001（KE+SW）ペーネミュンデ試験飛行所、1941年10月

**3** Me163A V10 Wk-Nr.1630000010 CD+IO　第16実験飛行隊、ペーネミュンデ、1943年春

4　Me163B V35 Wk-Nr.16310044（GH+IN）　第16実験飛行隊、バート・ツヴィシェナーン、1944年10月

5　Me163B V45 Wk-Nr.16310054（PK+QP）　第16実験飛行隊、バート・ツヴィシェナーン、1944年5月

6　Me163B V45 Wk-Nr.16310054（C1+05）　第16実験飛行隊、バート・ツヴィシェナーン、1944年7月

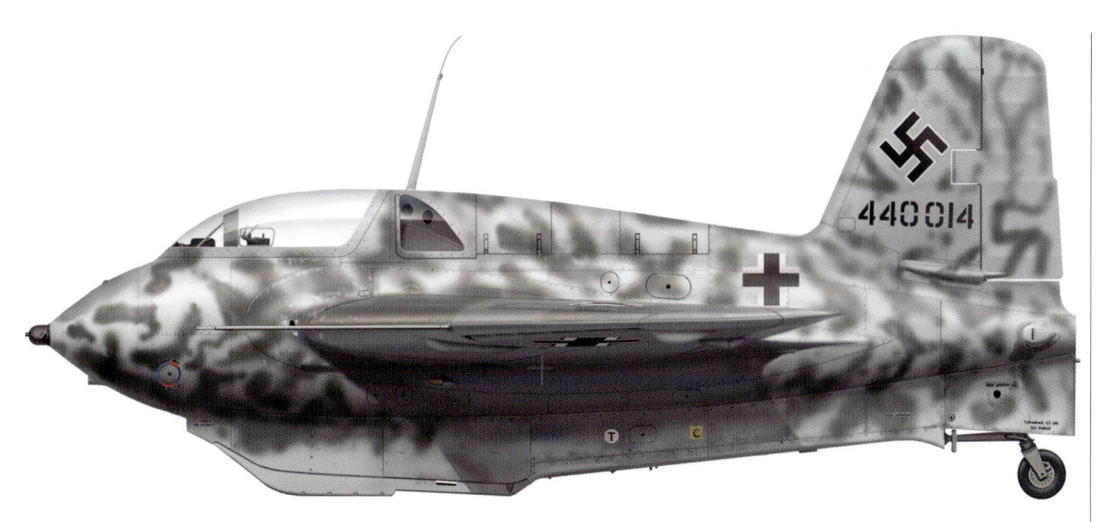

**7** Me163B Wk-Nr.440014　2./JG400、フェンロー、1944年8月

**8** Me163B-0 Wk-Nr.190598　"白の10"　1./JG400、ブランディス、1945年2月

**9** Me163B "白の14"　1./JG400、ブランディス、1945年2月

10　Me163B "白の14"　1./JG400、ブランディス、1945年3月

11　Me163B V52 Wk-Nr.163100061（GH+IU）"黄の1"　7./JG400、シュテッティン－アルトダム、1944年10月

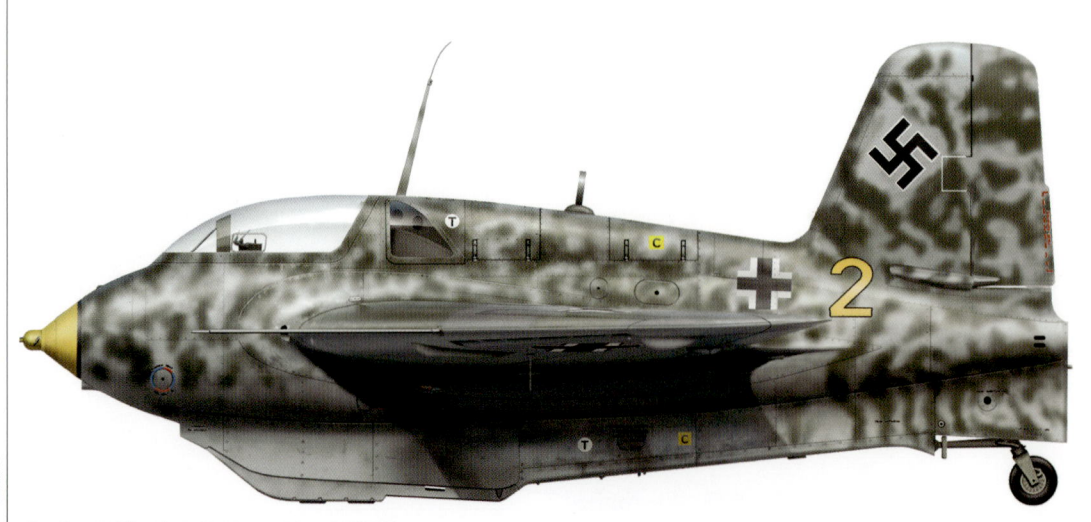

12　Me163B "黄の2"　7./JG400、フースム、1945年5月

**13**　Me163B Wk-Nr.191329　"黄の7"　7./JG400、フースム、1945年5月

**14**　Me163B　"白の42"　IV./EJG2、エスペルシュテット、1945年5月

**15**　Me163S　飛行研究所、モスクワ、1945年秋

部隊マーク　1./JG400

部隊マーク　IV./EJG2

## chapter 4

# I./JG400 　第Ⅰ飛行隊
I. GRUPPE / JAGDGESCHWADER 400

　ドイツの昼間爆撃を担当したアメリカ第8航空軍の作戦機数は増加の一途をたどっていたが、メルゼブルクとその周辺の軍需工場を目標とした昼間爆撃に限れば、数百機を投入することもあったが、基本的には爆撃参加部隊の一部にとどまっている。しかも、Bf109やFw190などの防空部隊による迎撃や濃密な対空砲火に阻まれて犠牲も多く、爆撃実施にまでこぎ着けた機数はさらに少なくなった。さらに、Me163が迎撃に飛び立つのは、レーダー探知によって敵爆撃機群がメルゼブルクの周辺空域を目指していることが確実な場合に限られ、迎撃可能範囲は50kmほどしかない。
　アメリカ爆撃機群の大規模な空襲に対する、Me163装備の第400戦闘航空団／第Ⅰ飛行隊（I./JG400）の迎撃は、1944年11月2日が最後になった。当然、メルゼブルク周辺への爆撃は以降も続いていたが、第Ⅰ飛行隊は規模が大きな爆撃機群への迎撃には出撃せず、連合軍の偵察機に対する迎撃に終始して、時に成果を上げていた。
　1944年8月19日付けの戦闘機隊総監アドルフ・ガランドのメモ書きの中に、Me163とそのニックネーム"コメート（彗星）"への言及が初めて現れる。最初はその性能に関連して「コメート戦闘機」と呼び、次にアールボルグに専門のパイロット養成所を設ける計画について「コメート戦闘機学校」と書かれているのだ。他にMe163と「コメート」を関連づける文字資料は存在せず、「コメート」という名称がいつから公式化されたのか、理由や時期ははっきりとしない。
　また、同じ日のガランドのメモには、当時の第400戦闘航空団の状況が簡潔に記載されている。

1944年8月19日、戦闘機隊総監のアドルフ・ガランド少将はJG400の現状について包括的な枠組みを定め、ここで初めてMe163を「コメート戦闘機」と呼んでいるが、この呼び名がどのようないきさつで公式化されたのか詳細は不明である。（EN Archive）

**【Stab.I./JG400】**
編成作業中。人員は確保済み。ブランディスを拠点とする。

**【1./JG400】**
飛行中隊の拠点はブランディス。編成、配置は完了：欠員も無し。15機可動、うち9機は7月に配備。

**【2./JG400】**
飛行中隊の拠点はフェンロー。編成、配置は完了：欠員も無し。Me163の配備数は8機。

**【3./JG400】**
飛行中隊の拠点はシュターガルト。編成作業中。訓練済みの人員配置は完了。可動機は無し。装備はアウグスブルク（原文ママ）の生産ラインから

9月に搬入予定。

### 4./JG400
編成準備中。人配置は完了も訓練中。

### Erg.St./JG400
編成完了。人員も配置済み。操縦士育成局が最近策定した指針に沿った訓練を予定。【原書註：指針では毎月35名のパイロット育成を完了させることになっている。訓練は練成飛行中隊で完了する。練度未熟ないし再訓練を要すべきパイロットは前段階の訓練機関に戻される】

### Schleppstaffel/JG400 （曳航飛行中隊）
編成準備中。予定地のケレダでは曳航仕様に改造されたBf110が待機。人員の準備はL-Wehr（現地の徴兵局）が責任を負うこと。

　8月に入ると、クレム社製のMe163が揃い始めた。同社の機体はまずイェーザウに送られて、そこで最終組み立てと合格判定試験が行われた後にJG400に納入される計画だったが、8月の時点では、イェーザウからベルリン近郊のオラニエンブルクに変更になっていた。同じ頃、クレムとユンカースは航空機生産で協力関係を結び、1944年9月1日より、Me163の生産にはユンカース社が全責任を負うことになった。

　1944年9月4日、空軍最高司令部は4./JG400の編成命令を出した。中隊の定数はMe163戦闘機12機で、曳航支援のために4機のBf110Gとその乗員が加えられていた。

　Me163は敵機迎撃に赴く離陸時、そして着陸時に数多くの事故を起こしているが、原因は技術的な欠陥とMe163の操作の難しさにある。これを伺わせる事故が1./JG400のハンス・ボット少尉がフランツ・レースル少尉から聞いた話から想像できる。事故が起こったのは1944年8月20日ないし前後数日のことだ。両者の記憶には食い違いがあり、ボット少尉は4機のP-38ライトニングを迎撃したと言っているが、レースル少尉の記憶では敵はモスキート1機だけだった。以下、レースルの証言では、

「気持ちのいい夏の午後、日没の1時間半くらい前だったと記憶している。ボット少尉と私は緊急発進に備えて、機に乗り込んでいたけれど、実際に発進が行なわれるとは考えていなかった。ところが、ヘッドセットから敵偵察機が8000～9000メートルのところまで迫っているという報告が聞こえてきたんだ。そう聞いて興奮したね。数秒後、本当に飛行機雲が見えてきた。ボットも私も、離陸が危険そのものが危険とは思っていなかった。そして遂に緊急発進の命令が出た」

「私は即座にタービン始動用の燃料ポンプを開き、圧力が上がるのを待ってから、スロットルを全開にした。1500mほどの滑走の後、離陸してから間もなく機体の速度は時速350kmに達した。私は敵機の飛行機雲に集中しながら、ドリーを投下した。そして機首を60～70度の上昇角に入れると、秒速100～150mの上昇速度で敵に向かっていったんだ。短時間で高度8000mに到達したのを確認すると、私は水平飛行に移り、モスキートを真正面に捕えた。安全装置を解除、照準器にはモスキートの姿がくっ

ブランディスの1./JG400でMe163のパイロットを務めていたハンス・ボット少尉は、特に高度200～500m付近での離陸フェイズにおいて2度、不時着を強いられるエンジン停止事故を経験している。また、離陸前にエンジンが停止して、時速50～80kmで機体が横転したこともあった。彼はコクピットから這いだし、翼を伝って地面に滑り降りた。この時は、脳しんとうを起こし、足首も骨折している。旋回半径を大きく取った飛行中にマイナスGがかかってしまうとエンジン停止事故を起こすMe163特有の現象も判明した。ボット少尉は、Me163Bを操縦して、確実撃墜、未確認撃墜それぞれ1機の戦果をあげている。彼はヴォルフガング・シュペーテ少佐と共にプラハのJG7に転属となったが、Me262を操縦する機会には恵まれなかった。（JG400 Archive）

このパノラマ写真は映像フィルムを元にベルリンのウーファ映画会社のスタジオで作られた。1944年8月21日から9月9日にかけて、同社の撮影班はMe163の宣伝映画を撮影するためにブランディスにいた。滑走路東端のエプロンに駐機しているこれらのMe163は、大雨から機体を守るために防水シートがかぶせられている。まだ水たまりが残っているところから、フィルム撮影までに天候回復が間に合わなかったのだろう。(EN Archive)

きりと写り込んでいる。互いの距離は3kmほど、しっかりと狙いを定めていると――突然、機体が垂直安定を失って急降下し、操縦桿が手から離れてしまった。速度計を見てみると、針は時速1050kmを指している！ 機体は高度を落とし、ダイブしていたけど、どうにか操縦を回復できたんだ」

「その直後、私は興奮してスロットルを絞るのを忘れていたことに気づいた。ボット少尉も同じ失敗をしでかしたことを、私は後で知った。我々はともに時速1000km以上で飛び、音速に近づいたことで生じる空気の圧縮

空軍の補助通信軍団に勤務していたグスタフ・コルフ少尉はMe163を敵機に誘導する、無線誘導迎撃戦術の改良に功績があった。写真は助手のリニッヒ嬢とともに作戦指揮所に詰めている少尉の様子。(ギュンター・F・ハイゼ所蔵)

1944年8月16日、JG400の初戦果をあげたジークフリード・シューベルト軍曹。10月7日、離陸事故で乗機が炎上し、軍曹は命を落とした。（JG400 Archive）

効果を経験したんだとね。この事故は、次の出撃（9月13日）で私の身に起こった事故とは比較にはならないのだけれど」

　1944年8月24日、第8航空軍はメルゼブルク、ケレダ、ヴァイマールを爆撃した。イントップ・サマリーには、

「1205時、メルゼブルクの北東、迎撃予想地点と目標の中間地点で第2梯団のコンバットウイングが3機のMe163から迎撃されたのに続き、ライプツィヒ南東では合計2機のMe163から迎撃された（185機のB-17がメルゼブルクの石油精製工場を、別の10機がライプツィヒ近郊の副次目標をそれぞれ攻撃した）」と記録されている。

　ジェフ・エーセルによる戦後調査で、この時の爆撃作戦でUSAAFのB-17には次の損害が生じたことが判明している。

【第92爆撃航空群】
ケーラー少尉機：Me163、ジークフリート・シューベルト機による攻撃で大破。イングランド帰投中に失探。
ロバート・スウィフト中尉機：攻撃を受ける。
ハロルド・H・バード中尉機：攻撃を受ける。
ロイド・G・ヘンリー中尉機（JW-N）：攻撃を受ける。
スティーブ・ネイジー少尉機（PY-R）：シューベルト軍曹の僚機、ボット少尉によって撃墜。

第305爆撃航空団所属のB-17"スペア・パーツ"号と搭乗員たち。彼ら全員が補充兵だったため、このような機体名になった。1944年8月24日、スペア・パーツ号は近距離でMe163と遭遇した。機長のユージーン・アーノルド・ジュニアは「敵機のパイロットと目線が交差した……私は機銃手に敵を撃てと怒鳴りつけた（下手な部下でも外しようのない距離だった）……」と回想している。写真の後列左から右に：ジョー・ペトリーラ（尾部機銃手）、レオン・メッツェラー（胴体機銃手）、フィル・ローゼンバーグ（通信士）、テッド・スティンリー（球状砲塔機銃手）、トニー・ランザーノ（飛行技師）。前列、左から右：ユージーン・アーノルド・ジュニア（機長）、フランク・コラード（爆撃手）、ロン・ファウラー（副操縦手）、ジョー・パキウィッツ（航法士）。
（ユージーン・アーノルド・ジュニア所蔵）

ジークフリート・シューベルト軍曹のガンカメラが捕らえたMe163による一連の攻撃場面。この映像は空軍最高司令部に認められ、戦闘機隊総監アドルフ・ガランドは1944年9月8日に、Me163部隊に戦闘許可を出すことになった。ラヴァディール少尉が機長を務めていたこのB-17の損害の様子は、別掲の写真で確認したとおりである。
（JG400 Archive）

**【第305爆撃航空群】**

C・E・ハリス少尉機：攻撃を受ける。

P・M・ダブニー少尉機（KY-A）：撃墜。

K・H・デュバノウィッチ少尉機（WF-B）：攻撃を受ける。

C・E・フリスビー中尉機（WF-D）：攻撃を受ける。

E・E・ヘンリー少尉機（WF-I）：攻撃を受ける

E・アーノルド・ジュニア少尉機（WF-P：スペア・パーツ号）：攻撃を受ける。

H・K・ウェザーホールド少尉機（WF-S）：攻撃を受ける。

**【第457爆撃航空群】**

ウィンフレッド・プーフ少尉機（42-97571）：ジークフリート・シューベルト軍曹により撃墜。

ボット少尉は次のように回想する。
「1944年8月24日、Me163は8機が稼働状態で、パイロットは7名が待機していた。本来なら2、3日早く実戦飛行を経験しておくべきだったのだが、この時に私は初めてエンジン停止を経験することになった。飛行中隊（1./JG400）の僚機とともにかなりの高度に達すると、左手下方、約9000mの高度を飛行中のB-17の編隊が確認できた。私は慣性滑空飛行のまま緩降下に入り――水平飛行になるのと同時にエンジンを切っていた――敵編隊の背後に回ろうとしたが、降下を終えてみると、敵の姿がどこにも見当たらなくなっていた。私は着地したが、同時に言い表しようがないほどの怒りがこみ上げてきた。8番機が残っているのに気づいた私は、その場所まで自分を運ぶように牽引車の運転手に頼んだ。8番機は2挺のMG151機関砲しか搭載していないところから、私がかつて操縦した機体だったのだろう（おそらく"白の2"）」
「私は滑走路をほとんどいっぱいに使って離陸したが、燃焼チャンバーの圧力は22気圧とあまりにも低すぎた。目的地はライプツィヒだが、上昇中に敵の爆撃機群と遭遇したので、敵編隊の一番左の機体を狙って攻撃した。ところが、射撃開始から間もなく片方のMG151機関砲が給弾不良を起こしてしまう。これにめげず撃ち続けたところ、敵機への命中が確認できた。残りの燃料を全て使って高度9000mまで駆け上がると、今度は高速で急降下しながら帰還した。飛行時間は7分ほどだった」
　ボット少尉が攻撃したB-17は、後に高射砲部隊の証言で撃墜が確認された。この功績で少尉は二級鉄十字章を授与された。
　この攻撃の後、1./JG400は空軍総司令部に報告書を提出した。
「1944年8月24日、8機のMe163が敵爆撃機群の迎撃に出た。離陸時の内訳は3組のペアと2機の単機である。この迎撃で3機が敵との接触を果たし、別の3機が敵を目視し、2機は発見できなかった。最初に離陸したペアの2機が敵を目視したのは、着陸の直前である」
「2番目のペアは1万～1万1000mまで上昇した。両機ともエンジンを切り、滑空飛行しながら敵を探し、6000mほど飛んだところで、高度6500mを飛行中の敵爆撃機群を発見した。長機を操縦していた【ジークフリート・】シューベルト軍曹はエンジン点火、敵先導機に狙いを定めて左主翼に命中弾を与えた。さらに別の敵機に対して第2撃を加え、今度は右主翼に命中させている。傷を負った敵機は急降下して逃れた後に爆発を起こし、右主翼がちぎれて墜落した。撃墜記録である！」
「一方、シューベルト軍曹の僚機は、エンジン再点火の直後にエンジンが停止してしまい、回復の試みも虚しく、燃料供給が途絶えて帰還を強いられた」
「3番目のペアは3000メートルの距離で敵を捕らえた。最初の攻撃では先頭の敵機を狙ったが、排気ガスがコクピット内に侵入して視界を奪われてしまう。そして再攻撃を急いでいるうちに推進剤が切れてしまったので、効果的な攻撃を加えることができなかった。
「次に単機で離陸したMe163は不調が明らかになり、高度3000mまで飛んで帰還した」
「最後の単機は、離陸時から敵編隊を確認していて、高度7000mで接触した。パイロットのボット少尉はエンジン噴射を抑えながら2度の接近を

試み、敵機の左主翼に命中弾を与えている。この攻撃の直後、エンジンが停止した。推力無しで3度目の攻撃を試みたが、命中は得られなかった。敵機から3名の搭乗員が脱出するのが観測された」

「こうしてMe163を装備した第1飛行中隊は合計5機撃墜の戦果をあげたのである」

「事前に想定していたとおり、Me163は単独ないし小数の敵機を迎撃、破壊するだけでなく、爆撃機の編隊にも有効であることが証明された。1944年8月16日に出撃した5機のMe163は、2機のB-17を撃墜し、同24日に出撃した8機は3機を撃墜した。一度の出撃で2機撃墜を期待できるのである」

「ただし、これまでの運用経験で、推進器ないしエンジン周辺の密閉に不備があると、コクピット内に高密度の水蒸気が充満してしまう欠点があることが判明した。コクピット内の視界低下によって、攻撃中止を強いられるのは言うまでも無い」

「また高々度飛行時に燃料供給の不良でエンジンが停止する事例も報告されている。上昇飛行から水平飛行に変化した際に配管内の燃料にかかる加速度の変化が不具合を引き起こすと考えられる。即座に再起動を試みれば、回復する見込みは大きい。エンジンのターボ圧縮機に吸気するには時間が必要である。新型タンクの実用化が緊急課題であることが再び明らかになったのである」

1200時に出撃、1215時に帰還した、Me163B"白の1"に搭乗したクルト・シーベラー伍長と、"白の3"に搭乗したルドルフ・ツィンマーマン軍曹も迎撃戦闘に参加している。

1944年9月6日、オットー・ベーナー大尉が中隊長を務める2./JG400がブランディスに到着した。

その2日後、ヴォルフガング・シュペーテ少佐が第400戦闘航空団第I飛行隊（I./JG400）の飛行隊長に正式に任命されたが、後任はすぐには決まらなかった。同じ日、戦闘機隊総監アドルフ・ガランドは、Me163の実戦運用について次のように通達した。

「初の実戦に臨んだ飛行中隊は敵四発重爆撃機を3機撃墜、2機を未確認撃墜した。これはMe163を投入することで予測された戦術および同機の性能の優秀性を証明するものである。あらゆる努力で各飛行中隊の装備数とパイロットを増やし、可動機数を20機にまで伸ばせば、戦果は格段に向上するだろう。Me163の稼働率は機体、エンジン双方の予備部品不足で、現時点かなり悪い。Me163は今日をもって全面的な実戦運用に移行するものとする」

後に7./JG400の飛行中隊長となるラインハルト・オピッツは9月9日に起こった異常な事件を次のように覚えている。

「有名なウーファ映画（ベルリンの映画製作会社）の監督の息子で、宣伝中隊に少尉として勤務していたリッター教授がMe163のニュースフィルムを撮影する契約を結んだんだ。私は教授と2人のカメラマンを乗せてBf110を飛ばすことになった。同乗するカメラマンがカメラの取り回しをできるように、キャノピー後部に設置されていた2挺の機銃は撤去することになった。我々は曳航されているMe163を撮影するために、後部座席にカメラマンを乗せて高度2〜3000メートルあたりを何度も飛行した。そ

1944年9月初頭、オットー・ベーナー大尉は指揮下の中隊と共にブランディスに移った。1945年4月にはチェコスロヴァキアのヘプに移動し、現地のドイツ軍に合流するように命じられた。（JG400 Archive）

2./JG400所属、フリードリヒ・"フリッツ"・ケルプ少尉は、1945年4月に、ヴォルフガング・シュペーテ少佐が指揮官を務めるプラハのJG7に転属となり、同年4月30日、Me262ジェット戦闘機で迎撃中に撃墜されて戦死した。（JG400 Archive）

1./JG400所属のクルト・シーベラー伍長はEKdo16、次いでJG400に配属になる前はJG54に所属してロシアで戦っていた。合計撃墜数は6機だが、そのうち5機はロシアであげた戦果である。1944年9月21日にはパイロットに授与される前線飛行略章・銀章が、次いで10月10日には二級鉄十字章が前線授与されている。そしてJG400に配属中の1945年4月13日、彼は軍曹に昇進し、プラハのシュペーテ少佐に合流するために僚機のハンス・ヴィーデマンとともに離陸したが、3機のサンダーボルトから攻撃を受けて合流を果たせなかった。ヴィーデマンはデーベルン上空で撃墜され、戦死した。ブランディスに帰還したシーベラーは、Bf110に乗り換えて、再びプラハに飛んだ。その間はわずか35分しかかかっていない。（JG400 Archive）

して、曳航索を切ると、Me163があたかも我々を攻撃するよう見せかけるため、私は高度を2000mまで落としたんだ。我々は迫力のある映像を撮るため空中分列式飛行や失速、上昇、左右へのバンクなどを繰り返して、撮影スケジュールを終えた。そして、狙い通りの映像が撮れたかどうか、フィルムを確認することになったんだ」

「当時、まだパワー発進が珍しかったのを覚えている。そのパワー発進を撮影する予定日のことだが、撮影には背景に雲があることが不可欠だ。リッター氏はカメラマンを滑走路の出発点と中間点、そして末端に配置した。私はBf110による曳航離陸の手順をきっちりと終えると、曳航索を切り離して草原に着地した。ちょうど目の前では、コンクリートの滑走路をMe163がパワー発進する瞬間だった。Me163は滑走路の末端に到達すると、ちょっと普通ではない角度で上昇を開始した。胴体の真下から煙が吹き出しているところから、何らかの事故が起きているのは間違いなかったが、離陸直後にモーターを切ったように見えた。機体は高度100〜150m付近で失速したが、ほぼ同時にキャノピーが吹き飛び、パイロットが脱出した。墜落したMe163の爆煙がちょうど視界を塞ぐような位置だったので、パラシュートが開いたかどうか目視はできなかった。パイロットの名はケルプと言うが、彼はどうにか滑走路の北東側に砂礫を掘り出した穴を見つけ、パラシュートのブレーキが効くだけのだけの時間を稼ぐことができた」

「リッターと彼のスタッフはこの事故の一部始終を撮影できて、大喜びだった。我々は数日後の夕食時に映像を鑑賞することができたよ」

ロルフ・グログナーは続ける。

「フッサー曹長と私は整備を終えたMe163Bでそれぞれ試験飛行をする予定になっていたんだ。ケルプの機体が離陸すると、高度80mほどでエンジンが止まった。機体は上昇しながら左に向きを変え、それからケルプは脱出した。この様子はリッターが撮影していたよ。ベーナー隊長は、我々にまだ飛ぶ気はあるかと尋ねてきたけど、もちろん返事はひとつさ。ところが、エンジンを点火、滑走準備に入ったところに、1台の車がもうもうと砂埃をたてながら滑走路を横切って、我々のほうに走ってきたんだ。整備兵が機体によじ登り、離陸停止を告げている。両機とも格納庫に戻されて、エンジンを再点検することになった。そうしたら、両方とも燃料用の配管に破損が見つかったんだ。材質が劣化していたんだね。その日の夜は"誕生日"パーティになったよ」

1944年9月11日、第8航空軍はルールラント、ベーレン、ブルー、ケムニッツを空襲した。10個コンバットウイング、B-17参加機数384機による攻撃である。これをP-51戦闘機275機が護衛する。空襲目標の上空の天候は曇り。攻撃は1149時、メルゼブルクの南40km付近で始まった。ルールラント、ブルー、ケムニッツへの空襲は1223時、高度7500〜8300mから行なわれた。ベーレン空襲は1215時に始まっている。作戦を終えたB-17は、1359時に、目標エリア西方に設定した再集結地点に向かう。

ルールラント爆撃に向かう一群からは、最大10機の爆撃機がブランディスの南上空を通過した。ルールラントへの飛行経路は、帰路よりもかなり南寄りになる。ところが1機だけ例外があった。第3爆撃師団、第486爆撃航空群の1機の針路が北に逸れ、よりにもよってブランディス飛行場の

滑走路の東端で離陸準備中のMe163。
(JG400 Archive)

真上に迷い込んでしまったのである。1./JG400のクルト・シーベラー伍長は緊急出動の様子を覚えている。

「2度目のパワー発進を終えて、フランツ・レースル中尉が私に尋ねたんだ。今日、君はすでに2度も飛んでいるが、3度目も行けるかとね。私は"白の2"に乗って飛び立った。頭上にはドレスデンに向かう爆撃機の編隊からはぐれて、飛行場の真上に迷い込んだ1機が見えた。急ぎすぎたせいで弾着のまとまりが悪かった。そこで今度こそ命中させようと、滑空しながら接近したが、これも失敗してしまった。3度目の挑戦、今度は右翼付け根付近のエンジンに命中して、敵は煙を吹きはじめた。さらに機体を横滑りさせて、4度目の射撃では右翼エンジンと胴体の間に狙いを定めた。2名の乗員が飛び出し、降着装置が降ろされるのが見えた。指揮所からの無線

9月11日、シーベラーは初めてB-17を撃墜した。敵機は飛行場から8kmほどのボルスドルフという村に墜落した。(クルト・シーベラー所蔵)

Me163の離陸準備をとらえた連続写真。左から2番目、"白の11"の垂直尾翼の塗装が際立っている。右の機体は離陸滑走に入った直後に爆発炎上した。写真撮影時期は1944年9月と思われるが、この事故に関する機体および人員被害の記録は残っていない。(JG400 Archive)

が聞こえてくる。《帰投せよ。敵機は墜落しつつある》ロベルト・オレイニク大尉は、飛行場上空を飛びながら、翼を振るように求めてきた」

　犠牲となったB-17は、ブランディスの西北西5kmにある小村ボルスドルフの近くに墜落、炎上した。飛行場に連行された生存者3名がシーベラーと面会することになったのだ。シーベラー機は1236時から1250時にかけて飛行していた。攻撃に使われた乗機Me163Bは、MG151機関砲を搭載していたが、おそらくこれはハンス・クレム軽飛行機工業製の機体で、ベブリンゲンからヴィトムントハーフェンに送られ、1944年7月にブランディスの1./JG400に引き渡されたものだろう。

　1./JG400、フランツ・レースル中尉の顔面負傷をともなう事故は、9月13日に起こったと言われている。レースル自身が事故の日付を忘れているのだが、9月28日にはさらに別の怪我を負っているので、この日付が妥当となる。彼は"マーノ"・ツィーグラーに手紙を書いている。

「敵爆撃機の迎撃に出撃した時だった。ままあることなのだが、離陸中にエンジンが停止してしまったのだ。高度600m付近で、私は着陸動作に入る前に、危険なC液とT液を捨てるために燃料投棄ハンドルを開いた。事前に決まっていた手順通りだった。私はスキッドを下げ、草原へと着地した――その時、忌々しい爆発が起こったんだ。顔面にひどい痛みが走り、私は気が動転して一つのことしか考えられなくなった。早くこの棺桶から抜け出したい！　いつ爆発するかわからないからね。幸運なことに、消防班が駆けつけて、ありったけの水をかけてくれた。顔に当たる水の勢いが激しすぎて、余りの痛さに、顔が破裂したかと思ったよ」

写真は2枚ともMe163B"白の14"だが、迷彩塗装と識別コードの描かれ方が違う。機体を覆い尽くす塗装パターンから推測するに、クレム社製の機体だろう。Bf110に曳航された姿が映像として残っている他は、この機体がどうなったか伺わせる資料は残っていない。（JG400 Archive）

滑走路の東端に並んだMe163。刈り取られた雑草が滑走路の縁に沿って積み上げられているが、目撃者によれば、これらの雑草は離陸したMe163が投下するドリーを受け止める緩衝材に使われたとのことである。背後に見える大型機はユンカース社Ju287前進翼爆撃機のプロトタイプ機である。
(EN Archive)

「滑走路に、他に士官は1人しかいなかったが、彼が充分な手配をしてくれた。他の士官は皆、滑走路の外れに設けられた作戦指揮所に詰めていたんだ。作戦指揮の必要に備えてね。ところが、残念なことに軍医も救急車も安全なところに避難していたんだ。私は管制塔の地下室に運び込まれ、そこで電話で呼び出された軍医を待つことになった。地下室に入ると、電話交換手の2人の女性が叫び声を上げながら部屋から飛び出した――よほど私が魅力的な姿だったんだろう。たっぷり20分ほどかかって救急車が到着したが、それまでが本当にひどかった。病院での治療が終わっても、私は3ヶ月ものあいだ、保護マスクを外すことができなかった。事故原因、特に爆発を引き起こしたのは、引き出したスキッドの中に溜まった投下したT液だった。着地でスキッドに生じた熱が、爆発の引き金になったというのだ。これが2度目の爆発事故の内容だ。3度目の事故（9月28日の事故）がまたすぐに起こってしまう」

ロルフ・ギュンターもこの事故を覚えている。

「離陸直後にエンジン停止したので、レースルは燃料投棄ハンドルを作動させたが、スキッドの中にT液が少量が溜まっていたらしかった。着地時の摩擦熱で引火し、コクピット内に爆風が吹き込んだのだ。しばらくの間、レースルは鏡を見ながら食事をするようになった。顔中、包帯だらけだったからね」

1944年9月28日、第8航空軍はメルゼブルク近郊、ロイナの精油精製施設を空襲した。爆撃についての報告書が残っている。

「1157時から1210時にかけて、第2梯団のB-17が、爆撃目標の上空で2機のMe163と接触、2度の接近を確認したが、攻撃はなかった【301機の

B-17が精油所を爆撃している】」

「1200時前後、第2梯団の護衛戦闘機隊が目標上空でMe163を目撃している。これに関連して1210時前後にMe163を1機撃墜したと報告しているパイロットがいる」

　第361戦闘航空群第375戦闘機中隊のエドワード・L・ウィルセイ中尉の戦闘報告書には、
「爆撃機の左側を飛行中のことだった。1210時、メルゼブルクの方角、やや下方に大型ロケットの噴煙と言っても信じてしまうような航跡雲が見えたんだ。直後、航跡雲の伸びが止まると、すぐに敵戦闘機が確認できた。敵ロケット機はいったん爆撃機群を後方から追い抜いて前方に出ると、急上昇反転と併せた180度旋回をして再び爆撃機群と交差し、エルロンを操作して右旋回しながらダイブを続けていた。私の機から360mほどのところを通過したんだ。私は敵ジェットをK-14照準器に捕らえると、すぐさま一連射を浴びせかけた。敵機ははじかれるように右に機体を振り、ややあって再び左にダイブして姿勢を立て直した。敵機を追うように私も降下し、K-14照準器にその姿を捕らえると、敵機が私を振り切ろうとする度に一連射を加えた。ところが機体はガタガタと振動を始めたので、速度計を確認してみると、時速800kmを超えていたんだ。高度2500m付近になった頃には、さらにダイブを続けるMe163を追い続けられなくなり、私は追尾を断念して右旋回した。もう敵ジェットの姿は見えなかった」

「所見：Me163は恐るべき速度性能とエルロンを使った機動特性を持っている。いかなる速度域でも良好な運動性能を発揮する。また75～80度もの上昇角を維持したまま高速飛行が可能である。ロケットモーターを作動させるのは上昇時または水平飛行時に限られているようだが、エンジン停止時の速度低下もない。機体は黒を基調とした塗装をしている。搭載している武器は定かではない。僚機を与るヴォス准尉の証言では、准尉が高度2200mで機の引き起こしにかかったとき、敵ジェットは高度1500m付近までまっすぐ降下し、引き起こした頃にはもう姿を見失ってしまったとのことである。私は、このMe163を撃墜したものと考えている」

フランツ・レースル中尉は1944年3月から1945年4月にかけて、1./JG400に所属し、ヴィトムントハーフェン、ブランディスで任務に就いた。9月には、着地事故に伴う爆発で顔面に怪我を負っただけでなく、別の事故では低空の機体から飛び降りて材木置き場に落ち、脊椎骨を負傷した。1944年1月、ブランディスに3./JG400が編成されると、彼はその飛行中隊長に任命された。(JG400 Archive)

Me163"白の11" 外見上の特徴から"白の10"と同じユンカース社の生産バッチであることがわかる。1944年11月15日撮影。(ウーヴェ・フレーメルト提供)

滑走路に牽引される"白の14"、ブランディス飛行場で訓練の様子を撮影したフィルムから抜き出した1コマ。格納庫には"白の11"も確認できる。この生産バッチは、とりわけ明るい緑を基調とした迷彩塗装であることがわかる。(JG400 Archive)

　ルドルフ・ツィンマーマン軍曹はこの日、Me163BV62（Wk-Nr.16310071 "白の7"）で出撃した。
　フランツ・レースル中尉は、この日の出撃で、さらにひどい負傷をしている。
「離陸した直後、またもエンジンが停止してしまった。ただ、今回は高度300〜400mしかなく、危険ということでは前回の事故は比較にならない。旋回して飛行場に針路をとると、急いで燃料を投棄した。遅れが危険を招き、素早い反応がなにより重要になる──それはわかっているが、時間がなさ過ぎて通常の着地は望むべくもない。爆発の振動が感じられると同時に、後頭部に危険な熱を感じた。もう脱出以外の選択肢はなかった。高度は250mしかないのだ。私は固定具を外すとキャノピー投棄ハンドルを引いた──が、何も起こらない。手応えがない。他に何ができる？　今度は両手を使ってキャノピーを押し上げようとしたが、期待に反して片側しか外れず、投棄できない。しかし、機外に出ることはできる。私は機体の横に身体を投げだしたんだ」
「ところが、その瞬間に機体が傾き、キャノピーが勢いよく閉じた。私はまだコクピットから抜け出しきっておらず、キャノピーと胴体の間に、足が挟まれてしまった。身体だけが胴体の外にある、恐ろしい状態になってしまったのだ。たまたま頑丈な革製の飛行靴を履いていたので、どうにか足を引き抜いて、私はその勢いのままMe163から飛び降りた。目撃者によると、飛び降りたときの高さはせいぜい100〜120mほどだったとのことだ。私は急いでパラシュートの紐を解き、開傘のショックに備えたのだが、落下し続ける感触しかない。私は地面に叩きつけられて、気を失ったのだ」

「病院で気がつくと、馴染みの顔が私を覗き込んでいた。もちろん医者もいる。彼らの驚く様子からも、私の状態がかなり悪いことに気づいた。X線検査の結果によると、材木置き場に落ちた衝撃で脊椎骨を負傷しているとのことで、それから私は9ヶ月もの間、石膏のコルセットが外せなくなってしまったのだ」

　兵員損失記録によればレースル中尉が負傷した日付は1944年9月28日になっている。乗機はMe163BV49 Wk-Nr.16310058（PK+QT）だった。機体の損傷率は60パーセントと見積もられている。こうして、レースルは先の事故で顔面に全治3ヶ月の怪我を負い、9月28日には包帯を巻いたまま出撃したのだが、これが「後頭部に危険な熱を感じた」という表現に繋がるのだろう。

　公式文書によると、3./JG400の編成が始まったのは1944年8月、場所はシュターガルトとなっている。11月になると飛行中隊は5./JG400と改称され、ブランディスには3./JG400が新編されることになった。この改称が混乱を招き、多くの書籍でレースル中尉が3./JG400の飛行中隊長[訳註12]に任命されたと書かれる原因となっている。彼らは皆、1944年8月の編成にレースル中尉が関与し、シュターガルトで飛行中隊長に任命されたと信じている。9月28日の事故は彼が5./JG400の飛行中隊長に就任する道を閉ざし、ペーター・ゲルス少尉が代役となった。事故の後で、レースルは9ヶ月間、すなわち1945年6月までコルセットをはめることを嘆いているが、空軍の個人記録によれば、彼は1945年2月に3./JG400の飛行中隊長となっている。空軍の記録が間違えている可能性もあるが、実際は、レースルは"新編"の3./JG400を指揮することになったのだろう。もっとも、怪我の具合を察するに、彼がどのようにして任務を遂行できたのか定かではないが。

訳註12：飛行中隊長＝Staffelkapitän（シュタッフェルカピターン）は、通常、中尉か大尉が任命される。まず飛行中隊長としての適性を見極めるため最初の数週間をStaffelführer（シュタッフェルフューラー）として就任し、その後、正式にStaffelkapitänとなる。また少尉以下の者が飛行中隊長に任命された場合は区別するためにStaffelführerが用いられる。原書ではこの2つの立場が使い分けされているが、日本ではどちらも飛行中隊長と訳すのが通例であり、本書もこれに倣っている。

これも訓練を撮影したフィルムから。着陸を終えたMe163がフォークリフトに乗せられ、牽引機で格納庫に戻される場面。（JG400 Archive）

1944年9月後半〜10月初頭、JG400を視察する総監幕僚ゴルドン・ゴーロップ大佐。エルンスト・シーベルト中尉、ベルンハルト・グラーフ・フォン・シュヴァイニッツ大尉の他、Me163の生産責任者である軍需省のザハセニ等技官が随行している（ザハセ技官はティーガー重戦車の量産にも関与している）。ゴーロップ大佐はこの視察の間にMe163Aおよび163Bを操縦している。彼は後にアドルフ・ガランドの後を受けて戦闘機隊総監に就任する。
（JG400 Archive）

　10月8日の夕方、EKdo16がブランディスに到着した。装備はBf110が3機と、Me163が2機。後者は曳航飛行だった。ブランディスに到着したEKdo16の兵士たちは、作業場も倉庫も用意されていないことを知った。既述のとおり、ブランディスは様々な部隊で過密状態だったのだ。ターラー大尉の抗議が認められ、10月15日をもってEng.St./JG400が上シュレジェンのウーデットフェルトに移動することになった。EKdo16は引き継いだ設備を使って、装備の改修に取りかかろうとした。しかし部隊に割り当てられた作業用ハンガーはブランディスを狙った5月28日の空襲の被害を受けたままであり、暖房が効かず、扉もきちんと閉まらなかった。ゴーロップ大佐に再度陳情した結果、ユンカース社のエンジン試験班とEKdo16の間で協力関係を結び、実験飛行隊はユンカース社の試験飛行班と共同で暖房付きのハンガーを使用できることになった。これは、両者の関係を親密にする副産物をもたらした。EKdo16のもとには7機のMe163があった。それを列記すると、BV30（C1+02）、BV40（C1+03）、BV45（C1+05）、BV??（C1+08）、クレム社製Me163B-0 Wk-Nr.440008（C1+11）、BV14

ハンガーの入口付近では、よくロケットエンジンの性能試験が行われた。T液、C液各々で使用する漏斗が置かれているのに注目。同様のエンジン試験で爆発事故が生じ、整備士が負傷、ハンガーの屋根が吹き飛ぶという事故も発生している。
（JG400 Archive）

（C1+12）、BV35（C1+13）である。

　一方、試験局の提言で実験飛行隊の規模が見直されることになり、EKdo16は士官、下士官、兵員、作業員すべて合わせて147名となった。余剰人員はI./JG400の4番目の飛行中隊の基幹および、Erg.St/JG400の補充となった。

　Erg.St./JG400は、第2練成戦闘航空団（EJG2）に新設される第4飛行隊の第13飛行中隊（13./EJG2）に改組され、14./EJG2とともにMe163パイロットの訓練にあたることになった。2つの飛行中隊が編成されたのは1944年11月1日以降と思われる。13./EJG2はウーデットフェルトの空軍試験センター（現ポーランドのジェンデク）に、14./EJG2はシュプロタウ（現ポーランドのシュプロタヴァ）にそれぞれ置かれた。また、エルヴィン・シュトゥルム大尉指揮下の15./EJG2が編成された可能性もある。

　1944年12月以降、ロベルト・オレイニク大尉はIV./EJG2の飛行隊長に任命された。EJG2の本部は当面シュプロッタウに置かれている。

　1944年11月から1945年5月まで、13./EJG2の飛行隊長を務めたのは、アドルフ・ニーマイヤー大尉である。ヴェルナー・フーゼマン伍長は、ウーデットフェルトでの訓練について述懐している。「まず我々は、ヘルムート・ロイカウフ教官のもとで、自動小銃を装備していたシュトゥンメル＝ハビヒト・グライダーを使って飛行射撃訓練を行った。それが照準器付きの機体で行った最初の訓練だったが、あまり長くは続かなかった。一方、1945年1月29日にウーデットフェルトからエスペルシュテットに移動した13./EJG2において、カール・マルセン【チャーリー・マゲーズッペ】はハビヒトを使って見事な曲芸飛行を披露した」

　ヘルマン・"マーノ"・ツィーグラー中尉を隊長とする14./EJG2は、シュプロッタウ飛行場を基地とし、中隊員は隊長の名をもじって「ツィーグラードルフ（ツィーグラー村）」と隊員自らが呼んでいた。ソ連軍が接近したために、14./EJG2は、1945年1月にシュプロッタウを放棄しなければならなかった。中隊の兵士たちは様々な道をたどってチューリンゲン地方の

1944年秋、Erg.St./JG400を撮影。ヘルベルト・ヘンシェルがブランディス飛行場に着地する際に乗機のMe163Bを側転事故を起こした直後の写真。左から右に向かって、氏名不詳、ウド・シュヴェンガー、ヘルベルト・ヘンシェル、アントン・スーシュ、ヴェルナー・フーゼマン。（JG400 Archive）

（左）ロベルト・オレイニク大尉は1944年12月までI./JG400を指揮し、その後はシュプロッタウのIV./EJG2の飛行隊長になっている。1945年1月末には、IV./EJG2はエスペルシュテットに移って4月半ばまでとどまった。オレイニクは飛行場を放棄する前に、短期間だがブランディスに戻り、ドレスデンを経由してチェコスロヴァキアのヘプに向かう途中の陸軍と合流し、そのままアメリカ軍の捕虜になっている。生涯撃墜数は42機だと考えられている。（JG400 Archive）

（右）ヴェルナー・フーゼマン伍長は1922年3月13日にエッセンで生まれ、1990年8月11日にベルリンにて死去した。1943年12月1日に伍長に昇進している。終戦間際にツヴィッカウでアメリカ軍の捕虜となっていたが、エルンスト・シェルファー軍曹と一緒に脱走し、2./JG400に復帰した。（JG400 Archive）

エスペルシュテットに再集結した。

ロベルト・オレイニク大尉によれば、EJG2の司令部は3週間後（つまり1945年2月28日以降）にシュレスヴィヒーホルシュタインに移動し、残された兵員はエスペルシュテットやシャフシュタットの陸軍に合流して戦うことになった。大尉はIV./EJG2の車を運転して、1945年3月25日にブランディスに向かった。ニーマイヤー中尉と彼の13./EJG2はシェルナー将軍が指揮する師団に編入され、3月中旬からはチェコスロヴァキア戦線に投入されている。

1944年10月7日、第8航空軍はベーレン、リュッケンドルフ、メルゼブルク、ロイナ、ヴルツェン、ロジッツを爆撃している。USAAFの報告には、この爆撃について、

「1201～1209時にかけて、ライプツィヒの南西上空で推定40～50機の敵機が【ベーレン攻撃に向かった第3梯団のコンバットウイングに】攻撃をかけてきた。Fw190戦闘機が主力で、わずかながらMe109やMe410 [訳註13]、Me163の姿もあった。敵機群は後方上空から雲の影を利用して迫り、8～10機の横列で襲撃してくる。パイロットは皆勇敢だったが、Me163の挙動は、彼らの未熟を伺わせた。敵の迎撃は8分ほど続いた後、ようやく友軍の護衛戦闘機によって追い散らされたが、我が軍には12機の損害が出た【87機のB-17がベーレンの合成石油精製所の爆撃に投入された】」

「ルールラント爆撃を任務とする第2梯団では、ケムニッツの北西上空で落後機が4機のMe163の攻撃を受けたという報告があった。攻撃は1225時に高度5800mで始まったが、護衛のP-51が介入するまでに交戦は1度しか見られなかった。爆撃機の搭乗員は、攻撃中のMe163の速度はP-51と変わらなかったと証言している」

「1231時、ライプツィヒの西方で1機のMe163がB-17のコンバットボックスを迎撃した。1235時にも別の敵ジェットによる同様の迎撃が見られた。どちらも護衛戦闘機が接近を退けている」

エーセルの研究によって、この時の爆撃作戦でMe163の攻撃を受けたB-17の内訳が明らかになっている。

### 【第95爆撃航空群】

R・M・ブラウン少尉機（ET-B）：ジークフリート・シューベルト軍曹機の攻撃。
W・ハート少尉機（ET-Q）：フリッツ・フッサー曹長機の攻撃。
M・A・ヘンドリクソン少尉機（QW-E）：攻撃を受ける。
R・S・ラッシュ中尉機（QW-F）：攻撃を受ける
H・C・コッフマン少尉機（QW-T）：攻撃を受ける。
B・B・ブッセ少尉機（QW-Y）：攻撃を受ける。
N・F・デイ中尉機（42-102562）：ボット少尉機の攻撃を受ける。ボット少尉は撃墜を報告。
不明機：シューベルト軍曹機に撃墜される。6名が脱出したとの第352戦闘航空群所属機の証言あり。

### 【第381爆撃航空群】

T・オコーナー中尉機（ロサンジェルス・シティ・リミッツ号）：攻撃を受ける。

訳註13：双発戦闘機Me110の後継機としてMe210が開発されたが、操縦性が悪い欠陥だった。そのため胴体と主翼の設計をやり直したのがMe410で、速力、上昇性、安定性ともに大幅に改善した。当初は重戦闘機という位置づけだったが、量産時には重戦闘機の存在意義が薄れ、もっぱら高速爆撃機、偵察機、対爆撃機戦闘機として用いられた。

開戦時に空軍に入隊したヘルマン・"マーノ"・ツィーグラー少尉。彼はEKdo16への配属を志願し、1943年10月にバート・ツヴィシェナーンの同隊に赴任する。翌年6月、クレム社製Me163の試験飛行を補佐するため、技術士官としてイェーザウに赴いた後、7月にまたバート・ツヴィシェナーンに帰還した。9月にはブランディスのJG400練成飛行中隊に配属となり、2ヶ月後には14./EJG2の飛行隊長に就任して、ラングスドルフ、シュプロッタウ、エスペルシュテットと転々とした後に、1945年2月、ブランディスに戻ってきた。（JG400 Archive）

1./JG400と2./JG400の両方で戦ったフリッツ・フッサー曹長は、10月7日、空振りに終わった出撃から戻り、ブランディスに着地する際にオーバーラン事故を起こしたが、命は取り留めた。この時、フッサー曹長はクレム社製のMe163B Wk-Nr.440165に搭乗していた。（EN Archive）

フリードリヒ＝ペーター・"フリッツ"・フッサー曹長によれば、
「ジークフリート・シューベルト軍曹とハンス・ボット少尉が最初に離陸した——シューベルト機が50mほど先行していたかな。突然、シューベルト機が炎を噴いた。ロケット燃焼チャンバーに異常が出たんだ。機体の速度は時速60kmほどだった。草むらに突っ込んだ機体は、（推進剤満載時は）重心が高いせいもあって、上下逆さまになってひっくり返った。【1./JG400のシューベルト軍曹は、Me163B V61 Wk_Nr.16310070（GN+MD）に搭乗していた。一部の資料には、この日、2度目の出動で起こった事故と書かれている】」

「マンフレート・アイゼンマン伍長と私は次いで離陸したが、すでに爆撃を終えていた敵との接触を果たせず、敵爆撃機の第2梯団も発見できなかった。しかし、我々が着地体勢に入りつつあるその時、飛行場を空襲する敵爆撃機が確認できた。ところが突然風向きが追い風に変わり、着陸フラップの効きが悪くなったように感じられた」

「爆弾の雨が降り始める前に、なんとかして着地しなければならない。そのことで頭の中がいっぱいだった私は、それでも無茶な着地を試みた。機体は200mもバウンドして、飛行場の境界フェンスを飛び越えていったよ」

第95爆撃航空群、ラルフ・M・ブラウン少尉のB-17は1944年10月7日の爆撃で1./JG400のジークフリート・シューベルト軍曹機の迎撃を受けた。写真はブラウン少尉と彼のクルー。前列：ウォータース（爆撃手）、ハドロック（航法士）、ブラウン（機長）、エヴァンス（副操縦士）、ウランカー（航法士）。後列：マロイ（球状砲塔機銃手）、カメトラー（胴体機銃手）、シュー（技師）、ハワード（無線手）。副操縦士のエヴァンスは、10月7日には負傷のため搭乗しておらず、フィルポットが代役で搭乗していた。（L・R・ブラウン所蔵）

2./JG400所属のマンフレート・アイゼンマン伍長。EKdo16で訓練中、バート・ツヴィシェナーンで撮られた写真。その後、2./JG400に配属となり、フェンロー、ブランディスと移動した。1944年10月7日、空振りに終わった出撃から帰還する途中、着陸事故で落命した。この時の乗機はクレム社製Me163B Wk-Nr.440013、写真右の機体。(JG400 Archive)

そのまま砂地に突っ込んで、機体は転倒した。駆けつけた兵士が叫ぶんだ。「早く出てっ！ 爆発します！」頭から出血しているのがわかったが、私は動けなかった。背中からは、ロケットモーターがまだ作動している音が聞こえてくる。私を助けてくれたのは、ヘルムート・ヴァルター社のハラルド・クーン伍長だった。彼はプレキスガラス製のキャノピーを叩き割ると、私を引きずり出してくれたんだ【フッサー曹長の乗機はクレム社製Me163B Wk-Nr.440165で、この事故で損傷65％と判定された】」

「アイゼンマンも危険な高度からの着地を強いられていた。彼の機体は地面にひどい衝突をしてから、空中にはね飛ばされた。何度もきりもみ回転を見せた機体は、バラバラになりながら地面に叩きつけられてしまった。機体は見る影もなかった。アイゼンマンは機体から投げだされ、死亡が確認された（頭蓋骨骨折）」【事故時の乗機はクレム社製Me163B Wk-Nr.440013（BQ+UP）】

ロルフ・グログナー伍長によれば、

「シューベルト軍曹は突然変化する危なっかしい追い風の中を離陸して、B-17の迎撃に出た。滑走路の半ばまで差しかかったとき、軍曹の機体のエンジンが突然停止し、機体は滑走路を外れて草むらに滑り込んでいった。後続機の邪魔にならないように滑走路を空けるためだ。軍曹の機体は片翼が地面に接触して、そのはずみで転倒、傍らをボット少尉機が通過した直後に爆発した。私は最後に離陸する予定になっていた、滑走路が空くのを待っているところだった。そこに、任務から帰還してきた別の機が風に逆らって着陸を始め、私に向かって突っ込んでくる！ フッサー曹長の機体は速度が出すぎていたために、境界フェンスを跳び越えて、生け垣を倒しながら草地に落ち、逆さになってやっと停止したんだ」

「いつ爆発するかも分からないのに、地上要員はフッサー軍曹を機体から救い出した。肩を脱臼し、鼻骨を折って失神していたよ。直後、アイゼンマンの機体が姿を現した。今度もまた速度も高度もありすぎる。着地姿勢が乱れて、翼が地面に激突した。機体はバラバラになって、ちぎれたハーネスから投げだアイゼンマンの身体が、私の目の前、100mほどの地面に叩きつけられた。彼は死んでしまった。この日の戦闘ではストラツニッキー軍曹も戦死している」

「そんな混乱の中、敵爆撃機の接近を知らせるベリー式信号団が打ち上がった。私はコメートを降りて、飛行服で着ぶくれした身体をよたよたさせながらも、なんとか防空壕へと逃げ込んだんだ。B-17はみなライプツィヒの方角に飛んでいった。安全が確保されたのを見て、私はまた乗機に戻ったんだ。滑走路は離陸発進可能な状態だった。戦友の残骸を横目に見ながら、私は測度を上げていった。ところが、せっかく出撃したというのに、敵機に追いつくことができなかった——実にばかげたことに、地上管制の方でレーダーのスイッチを切ってしまっていたと言うんだよ。どんな気分だったか？ そんなことは聞かないでくれ。」

Me163B"白の3"に乗っていたクルト・シーベラー伍長は10機からなるB-17編隊の先導機に命中弾を与えたと報告している。彼は1230時に出撃し、9分後に帰還した。

1230時、第364戦闘航空群第385中隊のP-51パイロット、エルマー・A・タイラーとウィラード・G・エルフカンプはライプツィヒ近郊を飛行中だった。タイラーの証言では、

「高度7600m、友軍爆撃機を護衛しながらイエロー小隊を指揮していたところ、落伍しているB-17を狙う敵ジェットの姿を確認した。私は敵の背後を狙って大きく旋回した。敵より600mほど高いポジションを占めると、急接近を試みた。距離1350mで、私は命中弾を期待して射撃を開始し、同時に敵ジェットがB-17を攻撃する暇を与えないようにしたんだ。エンジン回転数が2400回転の時にあっという間に追いついてしまったことから、敵ジェットはエンジンを切っていたのは間違いない。この時、私は機体下部に増槽を付けたままだったんだ。とても敵ジェットに追い付けるはずはないと思っていたからね。ところがあっという間に100mまで近づいてしまったので、私は慌ててスロットルを絞り、敵機の真後ろから撃ちまくったんだ。敵の尻や胴体、翼にも何発も命中するのが見えた。敵機は機体を翻して、白い煙をエンジンから噴きながらまっすぐ落ちていった。僚機が時速800kmでこれを追った。敵機は地面に腹ばいに着地したのを見て、僚機はこれを機銃掃射し、爆破炎上するのを確認した。パイロットが脱出したかどうか確認はできなかった。私はMe163ジェット戦闘機を1機撃墜したことを報告し、エルフカンプ少尉と記録を分け合ったんだ」

ウィラード・エルフカンプ少尉の記録では、

「イエロー小隊の3番機をまかされていた私は、高度7600mで爆撃機を護衛していた。Me163が落伍したB-17を攻撃しているのを確認した我々は、テイラー小隊長機の後を追って大きく旋回し、高度を7000mに落としつつ、敵機の背後をとった。テイラー少尉の射撃が命中弾になった直後、少尉機は敵機を追い越してしまったので、追跡は後続機の我々の役割になった。私は僚機とともに時速800kmの速度で敵ジェットを追い、地表近くまで迫った。敵機は草原に着地し、パイロットは機体から出ようとしたらしい。我々はこれを機銃掃射した。敵パイロットは慌てて機内に戻ったようだが、我々は上昇反転して再び別の角度から機銃掃射を行なった。機首が吹き飛び、敵機は炎に包まれた。私はMe163の撃破を記録した。これはタイラー少尉との共同撃破になるものだ」

この戦果に関しては、第65戦闘航空団（wing）でも報告がある。

「1230時、目標の北方、高度5200mでMe163との交戦が続いた。敵ジェ

ルドルフ・ツィンマーマン軍曹のMe163を攻撃した第65戦闘航空群のパイロット。左から：エルマー・A・タイラー少尉、ウィラード・G・エルフカンプ少尉、エヴェレット・N・ファレル少尉。（USAF）

ットが落後機への攻撃態勢に入っていた。敵機の高度は6000mで、これを【第364戦闘航空群】第385中隊のタイラー少尉機が高度7600mから攻撃した。攻撃は敵機後方から行なわれた、1350mから135mに距離を詰める間に主翼、胴体に多数の命中弾を確認した。敵機が奇襲に狼狽していたのは明らかだ。Me163は時速約800kmで高速ダイブと旋回を織り交ぜて離脱を試みたが、エルフカンプ少尉と【エヴェレット・N・】ファレル少尉が追跡した。Me163はしっかりした操縦の元で草原に不時着した。エルフカンプとファレルはこれが炎上するまで機銃掃射を繰り返し、敵パイロットは機内で死亡したものと考えられる」

　実際は、ツィンマーマンはこの攻撃を生き延びている。彼はどうにかコクピットから飛び降り、ムスタングが機銃掃射を始める前に逃げ切っているのだ。彼の機体はMe163B V62 Wk-Nr.16310071"白の7"で、ボルナに不時着した。また、シーベラーは1944年11月22日に、この"白の7"を試験飛行している。

　1944年10月14日、ルドルフ・オピッツ大尉はシュペーテ少佐が療養を終えるまで、暫定的にI./JG400を指揮する事になった。

　I./JG400所属のMe163が参加した中で最も激しく、実質的には最後となる大規模戦闘が、1944年11月2日に発生する。この日、第8航空軍がまたもロイナの石油精製施設を爆撃したのである。

　USAAFのイントップ・サマリーには次のように書かれている。

「推定9機のMe163が第1梯団を攻撃した。また同梯団の護衛戦闘機部隊も、メルゼブルクの東から南にかけての上空で、15機以上のMe163と4機以上のMe109（Bf109のこと）からなる迎撃を受けている。護衛部隊はMe163、Me109をそれぞれ2機ずつ撃墜したと報告している。目標エリア上空で友軍爆撃機群を攻撃した1機のMe163に対しては、反転旋回中のところを捕捉した護衛戦闘機が撃墜した。もう1機の敵ジェットもライプツィヒ上空で、ほぼ同じような展開を経て撃墜されている。第6爆撃航空群はアインベック近郊のツァイツ北方で2機の敵ジェットから迎撃を受けた【バート・ガンダーシャイムに近いのでおそらくMe262だろう】。第1梯団第7爆撃航空群の護衛戦闘機は目標【メルゼブルクのことだろう】直前で敵ジェットに遭遇したが、敵が離脱したので戦闘は見られなかった。第

8爆撃航空群の護衛戦闘機群もナウムブルク上空で敵ジェットと接触したが、高速離脱した敵を追えなかった」
「第2梯団はMe109、Fw190の他、小数のMe163に迎撃されている」
　第65戦闘航空団も記録を残している。
「今回の作戦では、目標エリア（メルゼブルク）の東で哨戒中の第4戦闘機群が推定15機のMe163と接触した。敵機は単機で白煙と黒煙混じりの航跡雲を噴射しながら45〜60度の上昇角を維持して迫る。そして爆撃機群の高度まで達すると、噴射が停止する」
「目標上空、対空砲火と爆撃機群を突き抜けて上昇してきた1機のMe163は、ジェットを切ると180度旋回をして東向きに機首を翻した。第336戦闘飛行中隊長のフレッド・N・グルーヴァー大尉は察知されないように敵ジェットの背後をとり、350mの距離から約2秒の射撃で命中を確認した。敵ジェットは機体下部に爆発を起こし、瞬く間に炎上した。高度2500m付近で、木の葉のように落下する機体から脱出するパイロットの姿が認められた」
「2機目のMe163を攻撃は、先の記録の5分後、第335戦闘飛行中隊長のルイス・N・ノーリー大尉によるものだ。7600m付近に広がる雲の下を哨戒していたノーリー大尉は、やや視界が悪い中、旋回しながら降下する敵ジェットの姿を認めた。敵機は270度ほど旋回すると北に向かっていた。大尉は遠距離から射撃したが、命中はしなかった。この時、速度は時速520kmを指していたが、敵機との距離は広がる一方で、逃げられるのも時間の問題だった。ところが何らかの理由で敵ジェットは左旋回を開始し、大尉のP-51に近づく形になった。ノーリー大尉は再度射撃し、Me163は左急旋回でこれを凌いだ。この時、敵機が見せた旋回率は驚くべきものがある。ノーリー大尉は充分な偏差角をとって射撃し、今度は尾翼付近に命中弾を確認した。敵機は明らかに減速をはじめたので、大尉はこれを飛び越してしまった。機体を引き起こして、再度敵機の背後についた大尉は、慎重に狙いを付けて、またも尾部を中心にかなりの命中を認めた。敵機は安定を崩して、一直線に落下し、小さな街の中に墜落した」
「グルーヴァー大尉が遭遇した敵ジェットの翼端は鋭角処理され、一方、ノーリー大尉は翼端が円形処理されていたという印象を持ったが。しかし、

1944年10月7日、第95爆撃航空群のB-17の迎撃に出たルドルフ・ツィンマーマン軍曹（1./JG400）は、第364戦闘航空群の2人の少尉、タイラーとエルフカンプの攻撃を受ける羽目になった。Me163は命中弾を受けてしまったが、撃墜は免れた。彼はボルナの近くの空き地に着地し、エルフカンプとファレルの執拗な機銃掃射からどうにか逃げられた。当日の軍曹の乗機はMe163BV62″白の7″である。ツィンマーマンは1937年、15歳の時から飛行機に乗り始めた。1940年から43年5月の間は、ケーニヒスベルクで訓練を受けたのを皮切りに、ポーランドのデブリンに設けられた第21操縦士訓練連隊、エッガースドルフの同41連隊、ヴェルノイヒェンの戦闘機学校、フランス、ラ・ロシュルの戦闘機パイロット学校などで訓練を受けた。この間に、彼は様々な機体で、609回も飛行している。1943年5月にはギリシアのカラマキに駐屯していた10./JG27に配属され、60回の実戦飛行に出たが、実戦は一度も経験できなかった。1943年9月からはゲルンハウゼンでグライダー飛行の訓練を受け、同じ月、EKdo16に転属となった。1944年5月にはヴィトムントハーフェンの1./JG400に移り、7月には部隊と共にブランディスに移動している。（JG400 Archive）

どうにか逃げ切ったMe163もいる。この連続写真は第335戦闘機中隊のW・H・アンダーソン大尉機（P-51）が搭載していたガンカメラによるもので、Me163は命中弾を受けたものの、なんとか追跡を振り切っている。（JG400 Archive）

1944年11月2日、第8航空軍によるメルゼブルク、ロイナ、リュッケンドルフの石油精製施設空襲に際して、JG400は最大の痛手を被っている。最初に撃墜されたMe163は2./JG400のギュンター・アンドレアス少尉である（左）。少尉は墜落する機体からどうにか脱出できた。右の写真は、アンドレアス機を仕留めた第336戦闘機中隊のフレデリック・W・グルーヴァー大尉。（EN Archive）

両方の目撃例とも、シルエットは類似している事以外に判断材料に乏しく、追求が難しい。観測されたMe163はすべて単独飛行、単独攻撃で、協同作戦は見られなかった」

　第493爆撃航空群でも、コンバットボックスのもっとも低層を占めていたB-17のクルーたちが、Me163による迎撃を確認している。1223時、座標5105N-1200E付近を飛行中に、6機のMe163による攻撃があった。攻撃は一波だけで、7分間の空戦が発生した。あるB-17の爆撃手、航法士が見たMe163による4回の迎撃の様子が語られている。

「爆撃手によれば、まず最初に編隊から見て8時の方向、上空300m、すなわち高度8600m付近に1機のMe163を発見した。これまでさんざん目にした戦闘機や爆撃機が作り出すような、灰汚れた航跡雲とは違った、太い筒状の、雪のように真っ白でふわふわした航跡雲の形にまず目を奪われた。敵機は8時の方向、距離1350mほどにあり、爆撃機群と並行するように飛んでいた。しかし、敵機が0930時の位置を占めたあたりで、動きが見られた。水平距離600mほどまで近づきつつ、9時方向あたりから一気に垂直上昇を始めると、スィープして左旋回を開始し、きれいな円を描くと、編隊の弱点とおぼしき位置に潜り込んでしまったからだ。ほんの7秒【証言ママ】ほどの動きだった。敵ジェットは、まず短く射撃し、続いて長い射撃を加えた。目撃者は翼内機銃2挺を含む、4挺の機銃の存在を確認している。マズルから明滅する閃光の様子から、機銃と判断したのである。この攻撃に対し、爆撃手は機首下部の「顎」にあたる機銃で、30秒ほどの反撃を加えた」

「爆撃機群への2度目の攻撃は、9時の方向、距離1350mから始まった。急降下を伴う右旋回を見せた敵ジェットは、編隊まで720mに近づくと、270mほど下方から5時の方向に移動し、雲の中に姿を消した。Me163のエンジン噴射は間歇的ではあったが、その速度は時速640〜960kmと、目撃者によるばらつきが大きい。一連の動きは5秒間で終わった。尾部、球状砲塔それぞれが射撃したが、命中は確認できなかった」

「最初から確認していたのと同じ敵か不明だが、5時の方向……360m下方、距離900m付近に、突然Me163が姿を現した。そして550mほどに迫

ると、敵機は衝突を避けるようにやや左寄りに旋回したが、上昇を続け、編隊の左、1080m付近へと飛び去り、今度は編隊と並行して飛び始めた。そして10時の方向に着いたあたりで降下し、攻撃しながら6時の方向に飛び抜けると、そのまま雲の中に飛び込んでしまったのである。目撃者の報告によれば、この接敵時にC中隊は密集飛行隊形にはなっていなかった。他の編隊機もこの敵ジェット機に対して防御射撃を行なっている。Me163の4度目の攻撃の直後に、5時の方向、距離900mからFw190が単独で現れたが、間もなく姿を消している。以上、一連の攻撃は5分ほどの間に行なわれたものである」

エーセルの調査によって、この時の爆撃作戦で、以下のB-17がMe163による迎撃に関連した損害を受けている。

### 【第91爆撃航空群】
ローン・E・マーロット中尉機（LL-N）：攻撃を受ける。
バーンハード・H・アリソン中尉機（LL-O）：攻撃を受ける。
ウィリアム・H・トレント中尉機（??-???333）：攻撃を受ける。

2./JG400のアンドレアス・ギュンター少尉は、11月7日の出撃と、フレッド・N・グルーヴァー大尉機との交戦について、次のように話している。
「私にとってMe163での任務がかなりの幸運に恵まれていたことは素直に認めよう。20〜30回のパワー発進を行なった中で、一度もエンジントラブルに遭遇しなかったからね。だから私は、迎撃に出て返り討ちに遭った、あの出来事についていつも考えてしまうんだ」
「1944年11月、敵がライプツィヒ空襲を行なった日だ。迎撃に関するブリーフィングを終えたパイロットは、皆、ローリー車に乗り込んでMe163が列をなしている滑走路東端の駐機場に向かった。パイロットにはそれぞれ乗機が割り当てられている。私は急いで飛行服を着込み、数分後にはコクピットに座って、いつでも発進可能な状態になっていた。目の前には中隊長【オットー・ベーナー大尉】機がある。これに続いて離陸するんだ。管制塔からエンジン点火の命令がでた……ところが、私の機は点火しない。何度も点火ボタンを押したけど、反応がないんだ。30秒後に離陸するように命令を受けたのに、私はまだエンジンを始動できなかったんだ」
「いろいろ試した結果、どうやら整備士が機体を電源供給車につなぎ忘れていたことが分かった。ケーブルをつなぎ直してみるとエンジンが点火したので、私は管制塔に発進準備完了と報告したんだ。私には待機命令が出され、その間に、すでにエンジンが始動できている仲間の機が先に発進することになった。彼らが次々に飛び立っていくなか、ほとんど最後になって、私の番が回ってきた。離陸すると、すぐに管制室から変針の指示が与えられた」
「地上管制の言うとおりライプツィヒ方向に上昇していると、敵編隊の航跡雲が見えてきたので、これ以上の指示が無くても迎撃可能になった。その直後、高度6000m付近を飛行する敵爆撃機の一団を発見した。私は1万mまで高度を上げた後、緊急時に備えて推進剤を節約するためにエンジンを切った。この高さから、私は敵編隊の主力からやや離れた場所を飛んでいる一群に目を付け、その背後に回るようなコースをとった。そして射程

ヤコブ・ボーレンラス曹長（左）は1935年11月1日に入隊してから、空軍に12年勤務している。パイロット訓練は1936年2月1日から、デトモールトの第14飛行大隊で始まり、ツェレの操縦士学校を経て1937年6月1日まで続いた。その後は訓練を受けつつ、飛行教官として勤務し、1944年5月にEKdo16に配属された。そしてEKdo16での訓練が終わると、フェンローの2./JG400に転属となったのである。ヤコブ・ボーレンラスには2人の弟がいる。ヘルベルト・ボーレンラスは、1941年8月17日にロシアで戦死、末弟のハインリヒは砲兵となり、1944年7月20日の負傷が元で死亡した。ヤコブはまったく知らなかったが、彼の実父は上官に対して、ヤコブを前線勤務から外してもらうよう、何度も陳情している。ヒトラーは、2人以上の息子が戦死した家庭があれば、3人目の息子は前線勤務を免除すると宣言していたのだ。この陳情に対して、訓練局関連部署担当のブーフハイム大尉は、ヤコブ・ボーレンラス曹長が部隊で唯一の教官であり、前線勤務をヤコブが熱望していることもあってEKdo16と2./JG400に配属されたのだと説明している。1944年11月2日の空戦で、ボーレンラス機は第335戦闘機中隊のルイス・H・ノーリー大尉（右）に撃墜され、曹長は戦死した。ボーレンラス家は3人目の、そして最後の息子を戦争で失ったのである。
（JG400 Archive）

「に捕らえるやいなや攻撃したところ、即座に尾部機銃座から反撃を受け、何発かがコクピットのガラスに命中したのが分かった。私の射撃には手応えがなかった。突然、与圧が効かなくなった。正面の装甲ガラスには3ヶ所の命中痕がある。幸いなことに、飛び散ったキャノピーの破片で右目のまぶたを小さく切った以外には、どこも怪我をしなかった」

「私は攻撃中止を即断し、機体の炎上に備えてキャノピーを切り離そうと試みた。しかし時速600kmも出ているせいか、キャノピーはびくともしない——もしかすると、命中弾の影響で破損しているのかも知れない。私は時速250km速まで度を落とすように飛行し、右手を使ってキャノピーを開けようとした。そしてまさにキャノピーの投棄に成功した瞬間に敵戦闘機から攻撃を受けてしまったのだ。速度を落とすために上下動を繰り返してフラフラ飛んでいたので、格好の的だったのだろう。私は機を引き起こして降下を止めようとしたが、敵の攻撃でコントロールワイヤが壊れたらしく、操縦桿をどの方向に動かしてもまったく反応が無くなってしまったんだ。私は脱出を決めたのだが、今度は降下速度が上がりすぎてしまい、危

ヘルベルト・ストラツニッキー曹長（左）とホルスト・ローリ曹長（右）の2人も、11月2日の戦闘で戦死している。ストラツニッキーは撃墜で、ローリは離陸直後のエンジン事故が原因である。ローリは機体から脱出したがパラシュートの開傘が間に合わずに墜死した。ローリは5JGに所属している間に、36機撃墜を記録していた。（JG400 Archive）

険な遠心力に阻まれてしまった。それでも、高度5〜6000mあたりになると、速度が上がりすぎた影響で勝手に機体が引き起こしを始めてくれたので、どうにか飛び降りることができた。パラシュートを開き、着陸したのはヴュルツェン村の側だった。機体は墜落してバラバラに壊れたよ」

1./JG400のボーレンラス曹長も帰投時に敵戦闘機に狙われて撃墜されている。彼の乗機は滑走路の東にあるツァイティッツ村の側に墜落した。撃墜したのは第4戦闘航空群、第335戦闘機中隊のルイス・H・ノーリー大尉だった。ボーレンラスの乗機はMe163B Wk-Nr.440003（BQ+UF）である。

ロルフ・グログナー伍長によれば、

「2./JG400のホルスト・ローリ曹長も離陸直後のエンジントラブルに襲われた。曹長は高度100m付近で脱出したが、パラシュートが間に合わず、そのまま地面に落ちてしまった。彼はしばらく生きてはいたけれど、意識が回復せず、やがて心臓が停止した。曹長は新しい縮帆型のパラシュートを使っていたのだけど、徐々に開く仕様が裏目に出て、低い高度での事故には役に立たなかったんだ」

ローリが最後に乗っていたのはMe163B Wk-Nr.440007（BQ+UJ）である。彼は大学教授の息子で、4人兄弟の末っ子だった。

Me163"白の3"に搭乗したシーベラーは、メルゼブルク上空でB-17爆撃機3機と、これを護衛する2機のムスタングの小編隊に遭遇した。これが彼にとって最後の実戦となった。離陸時間は1216時、帰投は1234時だった。

1./JG400のヘルベルト・ストラツニッキー曹長は、ライプツィヒ上空の戦いで行方不明者とされたが、後にデーリッチュで遺体が見つかった。最後の乗機はMe163B Wk-Nr.440186（TP+TN）"白の8"である。ボット少尉もこの事はよく覚えていて、「戦闘が終わると、"ニキ"が行方不明になっていて、飛行場から半径40km以内の捜索を10日間もしたけど、手がかりが掴めなかった。そして捜索最終日に30km地点に見つかったのは、かれのスカーフと二級鉄十字章、そしてわずかな機体の破片だけだった。撃墜されたと判断するしかなかったんだ」

11月12日交付の記録には、JG400内の中隊の改称と新設について言及がある。この命令は即座に執行された。まず3./JG400が5./JG400に、4./

写真は左から右に、2./JG400のシュメルツ軍曹、1./JG400のアントン・シュタイデル伍長とクルト・シーベラー伍長、そして1./JG400のルートヴィヒ・シュヴァイガー伍長である。シュヴァイガーは1945年にプラハからFw190で出撃して、行方不明になった。クルト・シーベラーの話では、シュヴァイガーはFw190を操縦した経験が無く、墓地に墜落したのだという。（JG400 Archive）

Me163B Wk-Nr.191116に乗り込んでいる2./JG400のゲオルク・ネヘル伍長。識別コードSC+VOのこの機体は、1944年11月20日に、オラニエンブルクのユンカース社工場でカール・フォイによる滑空試験が行われたものである。銃口が布製の覆いで塞がれているところから、この機はMK108機関砲を搭載していたと推定できる（MG151/20 20mm機関砲の銃身は翼内に収めきれず、やや突き出していたからだ）。(JG400 Archive)

　JG400が6./JG400に改称された。新設されたのはStab.II./JG400、3./JG400、7./JG400である。

　Stab.II./JG400および第5～7飛行中隊はシュターガルトに移された。「新設」の3./JG400はブランディスに置かれたが、4./JG400は編成されなかった。この時の飛行中隊の名称変更は、後に多くの混乱をもたらす事になる。空軍のパイロット記録でさえ、シュターガルトに移動したパイロットを、改編前の所属中隊で記録している有様だったのだ。

　JG400の第5～第7飛行中隊には当面、代理の飛行中隊長が置かれた。ところが、空軍の記録では1945年2月まで中隊長が確定していない！

　1944年12月27日、ヴォルフガング・シュペーテ少佐はJG400の戦闘航空団司令官に任命された。同日、ルドルフ・オピッツ大尉もシュターガルトのII./JG400の飛行隊長に就任している。I./JG400の飛行隊長にはヴィルヘルム・フルダ大尉が就任し、アルベルト・ファルダーバウム大尉が1./JG400の飛行中隊長になった。

　1945年2月14日には、空軍総司令部の命令により、第16実験飛行隊が解隊された。この時には、Ju388やDo335 [訳註14] を運用していた第26実験飛行隊も解隊となっている。この命令は空軍試験局によって実施された。

　パイロットは全員、空軍の各部隊に転属となり、地上要員や整備員を含むそれ以外の兵員はエシュヴェーゲの野戦飛行機整備廠や空軍、陸軍の野戦部隊に送られた。航空機も兵站部の管轄に置かれ、EKdo16の任務はJG400に引き継がれたのである。

　だが、EKdo16が解隊されたにも関わらず、ブランディスでは試験飛行が続けられていて、3月から4月にかけてハラルド・クーン技術伍長がMe163BV40で飛行した記録がある。彼の最後の飛行は1945年4月8日、Me163BV45によるものである。これらの飛行は全て、補修、整備を施した機体の最終チェックが目的だった。

訳註14：高速爆撃機Ju88の後継機として、Ju188、Ju288を経て開発されたのがJu388である。高度1万m以上でも時速600kmと優秀な高速性を発揮できたが、生産が始まったのはようやく大戦末期であり、戦力と呼べるほどの数をそろえられなかった。Do335は2機のエンジンをコクピットを挟んで前後に配置する双発串型という珍しい戦闘爆撃機で、時速760～785kmという、レシプロ機としては限界とも言える高速を発揮できた。垂直尾翼を機体下部にも設けるなど、特異な機体形状から「プファイル：矢」とも呼ばれた。量産されれば、制空権のない状況でも戦闘爆撃機としてのゲリラ的な活躍が期待できたが、試作機を含め生産数は38機にとどまり、実戦記録も残っていない。

飛行教官で、アクロバット飛行競技の優勝者でもあったアルベルト・ファルダーバウムは、1934年に空軍に入った。戦争が始まってからも、プリエストの操縦士学校で教官を務めていた。1943年7月には大尉に昇進している。1944年10月から11月にかけて、彼はブランディスのErg.St./JG400でMe163の操縦を学び、修了後の12月にオレイニク大尉の後任として、1./JG400の飛行中隊長に任命された。1945年2月にはフルダ大尉がI./JG400の飛行隊長に就任している。（EN Archive）

1941年6月14日、ヴィルヘルム・フルダ大尉はギリシア侵攻作戦におけるイストモスへのグライダー強襲作戦を成功させた功績で騎士十字章を授与された。1941年8月から1944年12月にかけては、3./LLG1、17./KGzbV 1、同航空団ゴタ中隊、1./LLG 2の幕僚、第1錬成大隊（南）、Stab/JG301の技術士官、9./JG301の飛行中隊長、戦闘機隊総監付監察官、II./JG4の練成飛行隊長、I./JG302の飛行隊長と異動を繰り返していた。1945年1月にはI./JG400の飛行隊長に就任し、4月に解隊するまでその地位にとどまった。彼は歩兵となったI./JG400の兵員を率いて、ヘプ（チェコスロヴァキア）～シルンディンク周辺で終戦まで戦っている。（EN Archive）

1945年2月10日には、1./JG400のゲルハルト・モール軍曹が出動時の事故で死亡した。乗機はMe163B-0 Wk-Nr.440184（DS+VV）"白の2"であった。ミュールシュトロフによれば、

「その時はボット少尉が当直士官だった。飛行場から3kmほど離れたところにあるJG400指揮所から緊急出動命令が出たとき、我々は【ミュールシュトロフ、ボット、モール】ちょうど昼食をとっていたんだ。駐機場では8機が出撃可能な状態だった。ところが、私の乗機は3列目に置かれていたので、最前列の機に飛び乗ったんだ。これは、いつもボット少尉が使っている機体だ。照準器が使い物にならないことに後から気づいたんだけどね。すると、モール軍曹が先に出撃すると言って、飛び立っていった。彼が高度5000mに到達したという報告が、最後に聞いた言葉だった。後続した私も高度7000mで雲を突き破り、1万mまで到達したが、敵の機影は見つからなかった」

「その時、急ぎ帰投するように命令が出た。私は時速350kmほどで滑空飛行を始めたが、雲が厚くて滑走路が見つからない。そこで旋回しながら指示を待っていると、飛行場を飛び越していることが分かったんだ。私は正確な位置情報を求めたのだが、返事がない。指揮所の無線スイッチが切られているのだ。そんなことをしている間に、時速900km近くまで上がってしまったので、ふたたび350kmまで落とすことにした。たまたま雲の切れ

1945年1月は降雪量が多く、飛行可能な天候条件が整わなかったが、どのみち燃料不足で思うに任せなかった。写真の様に、パイロットにとってはいくぶん気が休まる時期でもあっただろうか。左から右に、ゲオルク・ネヘル伍長、ゲルヘルト・モール軍曹、クルト・シーベラー伍長、クリストフ・クルツ曹長、"ユップ"・ミュールシュトロフ曹長。(JG400 Archive)

間から視界が回復したのだが、ちょうど左方向に駐機しているHe177が見えた。飛行場の南側だ。まもなく飛行場がはっきりと見えだしたので、スキッドを降ろして無事に着陸できた。ちょうど管制塔の前で停止した」

ボット少尉も、"ユップ"・ミュールシュトロフはこの日、"白の12"に搭乗していたことを証言している。これはボット少尉の乗機であり、少尉自身、良好な状態を維持していた機体だと認めている。

3月15日、アメリカの第8航空軍はライプツィヒを空襲したが、この護衛にあたっていた第359戦闘航空群、第370飛行中隊のレイ・S・ウェットモア大尉は2機のMe163と遭遇している。

ウェットモア大尉の報告書から引用する。

「レッド小隊を指揮しながらベルリン南西上空を飛行中、距離約32㎞、ヴ

コクピットに乗り込もうとしている、1./JG400のヴィルヘルム・ヨセフ"ユップ"・・ミュールシュトロフ曹長。(JG400 Archive)

ィッテンブルク上空6100m付近を旋回中の2機のMe163を確認した。私は彼らを上空から飛び越し、高度7600m付近から攻撃を開始した。2700m付近まで接近した時点で、敵が私に気づき、ジェットを点火して一気に上昇を開始した。上昇角は70度ほどだった。そして7900m付近でジェットを切ると、スプリットSに入った。私はこの敵と同調して降下を開始し、600mほどの高度差を保ちながら、敵ジェットの真後ろに付いた。降下中、速度計は時速880〜960kmを指していた。距離180mまで縮めたところで射撃を開始した。細かい破片が散らばるのが見えた。敵機は右方向に急旋回したが、私はこれを追い、さらに射撃を続けると、敵機の左翼がちぎれて火災が発生した。敵パイロットは脱出し、私は墜落を確認した。空中戦によってMe163を1機撃墜したことを申請する」

3月16日、イギリス空軍の第554飛行中隊所属のモスキートが偵察に現れた。R・M・ヘイズ中尉とM・フィリップス曹長の操縦によるモスキー

1945年2月の最終週、ハンス−ルートヴィヒ・レッシャー少尉は、Me163B Wk-Nr.190598 "白の10" に搭乗して、2回出撃している。少尉は 14./EJG 2 で訓練を終えた後、1./JG400 に配属されていたのだ。"白の10" は、ユンカース社製Me163の初回生産バッチの機体である。(JG400 Archive)

ト Mk.XVI（NS795）[訳註15] は、ベンソン基地から出撃した。飛行中隊の作戦記録には次のように書かれている。

「ゴータおよびリュッケンドルフの空撮中に3機のMe163の迎撃を受けた。損傷を受けたために、リールに着陸していvる」

この会敵には詳細な報告がある。

「R・M・ヘイズ中尉とM・フィリップス曹長の乗機はゴータ、ケムニッツ、リュッケンドルフの偵察に赴いた。リュッケンドルフとゴータの偵察は2人の申告による。1145時、ライプツィヒ上空でコース090をたどりながら、高度9000mで撮影飛行中のこと（機首に設置した航法装置を使って飛行）、パイロットは地表付近から急上昇角で迫ってくる2機のMe163を確認した。パイロットは90度変針して、全速力を出した」

「3分から5分で敵の2機はモスキートの高度（9150m）に達すると、分離して左右のやや上空からモスキートをねらい、挟み撃ちにするように同時に射撃を開始した。パイロットは機をロールさせて垂直に高度を落とし、計器速度が時速770㎞、高度が3660mに達したところで引き起こした。しかし、今度は3機に増えたMe163に狙われているのに気づいた。2機はモスキートを挟み込むように左右に、3機目は真後ろに、それぞれ500mほどの距離に迫っていたのだ。敵機は皆やや上空を占位している。パイロットは敵の射撃を確認しなかったが、航法士は見たと報告している。モスキートは右急旋回して地面すれすれまで高度を落とし、結果、敵機の姿を見失ってしまう」

「モスキートが地表近くまで降下して水平飛行に移ると、パイロットは右翼エンジンから煙が出ていて、出力が失われていることに気づいた──Me163からの攻撃が命中したに違いない。エンジンは小さな振動を起こしていたので、パイロットは高度を600mまで上げると、方位270度方向にある友軍占領地に逃げ込もうとした。30〜40分ほど飛行したところで、

フリードリヒ＝フェルディナント・ヘルムート・ロイカウフ曹長の、プライベートと公式の2枚の写真。ロイカウフ曹長は1945年3月15日、Me163の飛行時に落命している。公式記録では事故は機械故障が引き起こしたとされている。ロイカウフ曹長は1912年1月24日にチューリンゲン地方のシュマルカルデン近郊、グルムバッハに生まれた。
（JG400 Archive）

訳註15：傑作木製双発爆撃機モスキートには、偵察型、爆撃型、戦闘機型など様々なサブタイプがあるが、Mk.XVIは与圧装置を設け、実用上昇高度を1万m以上を実現した決定版である。その偵察型モスキートP.R.Mk.XVIは、1943年末から実戦運用が始まったが、間もなくアメリカ第8航空軍でも使われ、航続距離3000kmを超える写真偵察機として重宝された。

今度は1機のMe109戦闘機が後方900m、高度750m付近に現れた。モスキートは再び地表すれすれまで降下し、カッセルの西方50kmほどにある渓谷の中を飛んでいた。このような必死の回避努力のかいもあって、モスキートはMe109の追尾を振り切ることができたのである」

「45分ほど経っても、まだ地表すれすれを飛んでいたモスキートが、識別できない小村の上空を通過中に、突然濃密な対空砲化に見舞われ、航法士が破片で足を負傷した。直後、危険を察したパイロットが視界を得るために再び高度を600mまで上げると、雲密度3～5の雲を発見したので、そこに飛び込んだ。さらに30分ほど飛行すると、雲の切れ間から駐機しているC-47輸送機や多数のグライダーが確認できた（実際は駐機場所は飛行場ではなかった）ので、パイロットは着地する事に決めた」

「ところが、この段階になって前方300度の範囲が降雨を伴う雲密度10の雲に覆われてしまった。VHF無線から救難信号を発したものの、どのチャネルからも返事がない。このような状態でさらに1時間ほど飛び続けると、ようやく雲が切れて地面が見え始め、高度250mまで降下すると、リール直上に達していたことが分かった。片肺飛行を強いられたモスキートは、ようやく安全に着地できるリール／ヴォンドヴィユ飛行場にたどり着いたのである」

「だがこの時、乗員の誰もMe163の攻撃で右降着脚のタイヤがパンクしていることに気づいておらず、着地と同時に機体は大きく右側に振られ、直後に主脚が両方とも破損して、機体は大破した。Me163の攻撃で負った損害の調査によると、1発が右翼のエンジンナセルを貫通し、さらに別の命中弾もエンジンに損傷を与えて、不凍液タンクを破壊していた。また、対空砲弾で同じエンジンのプロペラがひしゃげ、胴体から右主翼にかけては、破片で無数の穴が空いていた。この生還劇はパイロットの勇気と決断力の賜であり、R・M・ヘイズ中尉は空戦殊勲十字章を授与された。また航法士はリールの病院に運ばれた」

ロルフ・グログナー伍長によると、

「1945年3月16日、私はモスキートを撃墜した。この功績でゲーリングは私にメダルを授与し、昇進と特別休暇を与えるべきだったろうね。だって、この時までに私は作戦飛行記章・金章を授かっていたので、次は二級鉄十字章を期待して良かったんだ。ところが私が受け取ったのはロシアでの戦果の承認だった。直後に軍曹に昇進はしたけどね」

「ブランディスでI./JG400が解隊になると、私はプラハのJG7に転属となった。そこで初めて、私が一級鉄十字章を授与されると言うことをフリッツ・ケルプから教えられたんだ」

4月になると、シュペーテ少佐にアルト-レーネヴィッツのIII./JG7への転属命令が下る。4月4日に負傷したルディ・ジンナー飛行隊長の後任に選ばれたのだ。

ボット少尉は当時の全般的な状況と、4月6日から8日にかけてのエルベ特別攻撃隊での任務について回想する。

「1944年秋、1度の出撃で平均30パーセントの損害がでるMe163の出撃について、航空省が禁止する旨の通達をしてきたんだ。爆撃機に対する攻撃は禁止するのだけど、敵偵察機なら出撃は認められていた。結果として基地にある90機【原文ママ】前後の航空機が、滑走路のまわりに広がる森

2./JG400のロルフ・グログナー伍長は最年少のMe163パイロットだったこともあって、"ブービ（赤ちゃん）"というあだ名で呼ばれるようになった。彼は1945年3月に軍曹に昇進した。3月16日には同僚のエルンスト・シェルパー軍曹とともに偵察型モスキート（ヘイズ中尉／フィリップス曹長操縦）の迎撃に出たが、シェルパー機はドリーが投下できないというトラブルに見舞われたため、帰投を強いられた。モスキートは増槽を投下して振り切ろうとしたが、グログナーの攻撃によって任務を中断し、本国へ帰還しようとした。この時のグログナーの攻撃は、数発撃っただけでMK108機関砲が給弾不良を起こす不運に見舞われた。しかし、この数発がモスキートの右翼エンジンを破壊していたのだ。ヘイズとフィリップスの報告によれば、他のMe163も攻撃に加わっていたことになっているが、詳細は今日も判明していない。可能性があるとすれば、テストパイロットのヴァルター・ディトマーが体当たり装備のMe163で参加していたということか。EKdo16に転属になる以前、グログナー伍長はSG101、JG52の兵士としてロシア戦線で戦っていた。彼は作戦飛行記章・金章、二級鉄十字章、一級鉄十字章を授与された。生涯撃墜数は3機。1945年4月からはプラハにいるシュペーテ少佐のJG7に配属されたが、Me262ジェット戦闘機を操縦する機会は与えられなかった。（JG400 Archive）

や野原に分散して隠された。当然、パイロットの間には無気力病が蔓延したよ。迎撃を除いては、誰も積極的に試験飛行に出ようとしなくなっていたのだから」

「ブランディスに、敵爆撃機に対する攻撃任務への志願者募集があったことで状況が変わった。フルダ大尉と、レッシャー、そして私を含む9名のパイロットが志願した。ブランディスからは5名が選ばれ、シュタンデルに送られた。そこに各地の志願者が集結することになっていたのだ。合計250名ほどの志願者が、ハヨ・ヘルマン大佐の元で特別任務に就くことになった。我々は閲兵場に集められ、そこで敵爆撃機群に戦闘機で体当たり攻撃を仕掛けるという作戦内容を聞かされた。我々は余分な装備を一切省いた4機編隊のMe109で高度1万1000メートル付近に待機し、敵爆撃機を襲うというのである。決然とした奇襲攻撃で敵に大損害を与え、停戦に向けた連合軍との交渉を少しでも有利にしようとの思惑を秘めた作戦だった。もう、敗北は不可避だったのだ。我々は体当たり戦術について"専門家"から講習を受けた。まぁ、内容は眉唾だったのだが [訳註16]」

「シュタンデルからは3ヶ所の飛行場にそれぞれ60名ずつ送られた。私が送られたのはガルデレーゲンで、ブランディス出身者は他に3名がいた。60名は15個の編隊に分けられ、私は第11編隊長を任せられた。警戒レベルは高くなかったが、1945年4月7日に、我々は緊急発進に備え待機していた。Me109の可動機は40機ほどだった。私の乗機とな Me109G14が飛んできたのは戦闘命令が出てから30分後であり、私には試験飛行の猶予さえ与えられなかった。その日の午後、私はヘルマン大佐への報告のために、新調した乗機でシュタンデルに向かった。彼の命じるところでは、同様の作戦がバイエルンで行なわれるので、私にそちらに参加しろと言うものだった。私は離陸準備に入ったが、機体はシュタンデルに残されたまま、破壊されてしまったのだ。実にあっけない結末だった」

訳註16：日本軍の神風特別攻撃とは違い、必ずしも体当たりを命じたわけではないが、体当たりを辞さない自己犠牲精神を発揮して必ず1機とは差し違えることをパイロットに厳命しており、部隊もパイロットが戦死することを前提とした準備を進めていた。ところが体当たり訓練と言っても、空戦でたまたま敵重爆撃機に衝突し、運良く生還できた経験を持つパイロットの体験談などに基づく、極めてあやふやな戦術であったと言われている。一例を挙げれば、相対速度が小さくなる敵重爆撃機の尾部から衝突し、コクピットを開けて飛び降りるというものだ。エルベ特別攻撃隊の戦いが机上の空論であったことは言うまでもない。

「こうなっては致し方がない。ヘルマン大佐に掛け合って、我々4名をブランディスに戻すよう頼んだ。ブランディスにはまだ使えるMe163が残っている。許可を得られれば戦えるからだ。我々の志願が通り、ブランディスでは7機のMe163が稼働状態で待っていた。しかし、我々が出撃準備を整えている間に、JG400には解隊命令が出され、部隊員は陸軍に吸収されることになってしまったのだ。基地の残機は全て爆破処分することになった」

　4月10日、モッカウ、エンゲルスドルフを目標としたカナダ空軍第230飛行隊のハリファックス、ランカスター爆撃機の迎撃、これがI./JG400の最後の出撃となった。カナダ軍側の作戦報告が残っている。

「攻撃目標モッカウ。雲無し。視界極めて良好。搭乗員は目標の鉄道線と森林の識別が可能。爆撃は目視と爆撃先導機による黄色のスポット信号弾にて効果的に終了。結果は、正確な爆撃により集弾率も良好。爆発と火災による煙の高さは1500mまで確認。爆撃先導機は後続機にスポット信号弾の先を狙うよう指示」

「重高射砲の確認はわずかながらも、狙いは正確で、4880m〜5500mをとらえている。推定8機が対空砲火により損傷を受ける。目標上空では数機のMe163を確認。関連する戦闘報告は2つあり、1機のMe163に損害を与えた旨の申請があった」

「攻撃目標エンゲルスドルフ。天候、視界共に良好。搭乗員は地図を用いた航法、攻撃目標地点の目視共に可能。爆撃は目視と爆撃先導機による赤色のスポット信号弾にて効果的に終了。爆撃高度は4500〜5500m。爆撃先導機は後続機に最初はマーカー通過後1秒での爆撃を指示、後に3秒に延長。攻撃目標地点を中心に良好な集弾率。爆発と火災による煙の高さは3000mまで確認。2度の大きな爆発を確認、うち1つは石油の燃焼に伴う黒煙と認める。煙を通して火災発生も確認。接近経路の南にある鉄道線も直撃を確認。攻撃は極めて良好な結果に終わった」

「重高射砲の確認はわずかながらも、狙いは正確で、4880m〜5500mをとらえている。数機が対空砲火により損傷を受ける。目標上空でP-51ムスタング1機と、敵ジェット1機の撃墜を認める。目標上空では数機のMe262と、1機のMe163を目撃したが、戦闘の報告はない。空撮実施機はすべて良好な撮影を果たしている」

　この日の出来事は"The RCAF Overseas.The Six Year"に詳しい。

「モッカウを狙ったハリファックス爆撃機による7分間の電撃的空襲は極めて良好で、ランカスターの一団が的を外して目標を誤爆した以外にミスは無かった。その点以外の成果は第一級である。この爆撃で目標一帯の鉄道施設は壊滅した。円形機関車庫、修理工廠、格納庫、および近隣の工場社屋など、全てが破壊されるか甚大な被害を負ったのだ。一握りの敵機が迎撃に出たが、戦闘報告は1例しかない。両隊からは1機ずつ、爆撃機が不明になった」

「第433中隊所属のランカスター爆撃機、"ポークパイン（ヤマアラシ）号"の損失は、搭乗員の経験の浅さに由来するものだろう──R・J・グリスデイル少尉、I・ツィーラー中尉、H・G・マクロード中尉、J・M・ハイラック曹長、F・G・シーリー曹長、D・W・ロバーツ曹長、W・A・トルストン軍曹が犠牲になった。一方、第415中隊、ベテラン揃いのハリファックス、

"ソードフィッシュ号"では、R・S・エヴァンス中尉、L・M・スプレー中尉、L・E・ヴァイチュ中尉、M・L・バーンズ曹長、D・L・ローレンツ曹長、R・D・テーヴィン曹長、J・M・アンドリューズ（イギリス空軍）軍曹が犠牲になった」

「敵戦闘機との唯一の空戦で、第405中隊のC・H・マッセルズ中隊長は空戦殊勲十字章に加え、殊勲賞を受賞することになった。彼の機が攻撃目標上空を通過した直後、Me163の攻撃を受けて尾部砲座と右翼のラダーが吹き飛ばされた。左翼のラダーも損傷し、エレベーターがほとんど効かない状態になってしまったのである。敵戦闘機が加えた攻撃で、尾部銃座のM・L・メールシュトローム大尉は戦死したものと思われた。ランカスター爆撃機は制御不能に陥り、細かい制動ができなくなった。マッセルズ機長は機体の水平安定を取り戻そうと必死になった。機首を上向きにするために、ひたすら操縦桿の操作に全神経をとがらせたのである」

「護衛にあたっていたムスタング戦闘機がに守られて、マッセルズ機長は半身不随の爆撃機でイギリスに戻ろうと奮闘した。そして海峡を越えると、彼はクルー全員に脱出の用意を命じた。4名がこれに従ったが、胴体機銃手のR・T・デイル少尉は重傷を負っていたので、脱出できなかった。マッセルズ機長は少尉を乗せたまま最寄りの飛行場を目指した。フラップはまったく反応せず、操縦桿の反応も極めて悪い。しかし、彼は奇跡のような着陸をやってのけたのだ」

　この爆撃作戦には、第309戦闘飛行中隊（ポーランド）も護衛に参加していた。

　（ドイツ空軍の）ハンス・フーバー軍曹は回顧する。

「4月10日、ライプツィヒとその郊外を爆撃する150機のランカスターに対し、ケルプ機が出撃するのを見ていた。自分の出撃を終えた私は、ヴルツブルク・レーダーに隣接する戦闘機地上管制室の監視塔から見守っていたのだ。ラウドスピーカーからは、Me163での発進に臨むケルプ少尉のやりとりが聞こえてくる。スピーカーからはロケットモーターの轟音が響き、ケルプの機体は私のいる監視塔が建っている、滑走路の南に広がる森を飛び越していった。私は高射砲用の望遠鏡で彼の機を追った。ケルプ少尉は高度8000mを飛んでいる敵編隊の先導機目がけて上昇した。私はてっきり、少尉が体当たりを目論んでいるのではと思い込んでしまったが、その瞬間、彼は敵機の下方100mを通過し、直後に敵機は爆発して炎を吹き上げた。私にはこの時のケルプの攻撃のように、爆撃機が簡単に撃墜される場面を目撃した経験は一度もなかった」

「爆撃機が爆発した直後、敵護衛機がケルプを捕捉しようとしているのがわかった。彼の機には充分な燃料が残っているに違いない――最初にそう考えた。少なくとも15秒の噴射分は残っているだろう、と。敵機がケルプ機を狙って群がり始めた瞬間、モーターが噴射したのを見て、私は小躍りするほど嬉しかった。ケルプは敵機を突き抜けて彼らを2000mも上回る高度まで上昇した。私は望遠鏡で一部始終を見届けた。燃料を使い果たしたケルプは、旋回、降下で敵戦闘機を出し抜いた。それも、敵がまず気づくはずもないような速度を使ってね。2時間後、私は飛行隊の士官が集まった場で、フルダ隊長から報告を聞いたのだ」

　1945年4月12日付けの、ブランディスの「飛行士の巣」(フリーガーホルスト)の最後の作戦報

告書には、次のように書かれている。

「1945年4月10日、ライプツィヒ上空の迎撃戦闘で、最初となる（そして最後となる）イェーガーファウスト（無反動ロケット兵器）の実戦運用が行なわれた。1800時前後、強力な敵爆撃機群が同市上空に現れた。早速イェーガーファウストを搭載した1機のMe163Bが出撃した。敵に察知されず接近に成功した同機は、即座に攻撃した。敵B-17爆撃機【実際はランカスター】はあっという間に墜落して、爆発、炎上した。脱出した乗員は確認されていない。他に2機が大破した状態で飛行場の上空を通過したが、おそらく後に墜落したものと思われる。友軍機はほとんど敵に察知されておらず、ムスタング、サンダーボルトなどの護衛戦闘機に追撃されたが、無事に飛行場上空に戻ってきた。対空砲火で追撃機を追い払っている間に、Me163はきれいな着地を見せた。これがMe163Bが達成した最後の成功記録となった」

　イェーガーファウストの生産工場が、今回の爆撃で壊滅したという事実が、この攻撃の最大の皮肉だろう。

　4月12日、シュペーテ少佐がブランディスを訪れ、彼と一緒にプラハに赴くパイロット6名を募った。Me262ジェット戦闘機のパイロットが必要だったのだ。翌朝、ケルプ、グログナー、アウグスト・"ガストル"・ミュラー曹長、ボット少尉を乗せたBf110が離陸した。ゲオルク・ネヘルはクルト曹長と共に、アラドAr234でプラハ近郊のルジニェに向かった。彼らはこれまで一度もMe262の操縦をしたことがない。そしてプラハに到着した彼らは、まったく予想外の言葉を聞かされた。このままMe108に乗ってバイエルンのプラットリングに向かえというのである。ネヘルはミュールドルフの近くで捕虜となった。Me262に乗れなかった他のパイロットはJu52に乗って通信補助任務にあたった。シーベラーの僚機を預かっていたヴィーデマンは終戦を迎えられなかった。彼は離陸直後を攻撃され

ユンカース製Me163B Wk-Nr.190579に乗り込む2./JG400のフリードリヒ・ケルプ少尉。1945年4月10日、彼はイェーガーファウストを装着したMe163としては最初で最後となる迎撃任務に赴いた。彼の攻撃によって、ライプツィヒ近郊のエンゲルスドルフを爆撃したカナダ空軍のランカスター爆撃機が撃墜された。しかし、この爆撃でイェーガーファウストの生産工場だったヒューゴー・シュナイダー社工場も破壊されている。カナダ空軍の作戦報告書には、ブランディスからは3機のMe163が出撃したと書かれている。当日ケルプ少尉が乗っていた機体の詳細は不明である。少なくとも3機のMe163がイェーガーファウストを装着していた。（JG400 Archive）

てしまったからだ。シーベラーはブランディスに戻り、少し遅れて出撃した。ケルプはプラハに残った。他のパイロットはフュルステンフェルドブルックに向かうよう命令され、各々の方法で目的地に向かった。

　4月14日、ブランディスに残された機体は飛行場に留まった兵員の手で破壊された。フルダ大尉とI./JG400の兵員（パイロットと地上要員）は陸軍に合流するよう命じられた。ブランディスの兵員集団はヘプに到着し、ドイツ〜チェコスロヴァキア国境に広がるボヘミアの森林地帯で防御戦に参加した。そして4月26日には大半が捕虜になっている。

　ハンス・フーバーの証言でこの章を締めくくろう。

「西からはアメリカ軍、東からはソ連軍が迫っていた。陸軍への合流を命じられた我々は、チェコスロヴァキアとの国境にあるシュリンディンクに到着し、支給された弾薬が尽きるまで絶望的な戦いに身を投じた。損害は甚大だった。退却を始めたときには、満足に動けるのは30〜40人という有様で、ほとんどは戦死してシュリンディンクの丘陵に横たわっていた」

「JG400残余部隊の戦いは5月8日の1600時、カールスバットの東25kmにあるデュッパウで終わった。除隊命令が渡され、我々は残った車輛に分乗して、ドイツ国内の各々の故郷に戻ることになった。我々は武器を破壊した後、ぐずぐずせずに少人数に分かれて同じ方向を目指した。翌日、私はドイツ軍の車輛をヒッチハイクしながらヨアヒムスタールを抜けて、どうにかケムニッツにほど近いシュトールベルクにたどり着いた。私の家族がこの町に避難していたからだ。6週間後、私は家族と共にケルンに到着した」

ブランディスに横たわるMe163BV45 Wk-Nr. 16310054（C1+05：旧PK+QP）の残骸。この機体は1945年4月8日に、ハロルド・クーン技官によって行なわれたのが最後の飛行記録だと考えられている。1944年のクリスマス・イブに、この機体を使ってイェーガーファウストの試験が行なわれているので、最後に装備していた3機のうちの1機だったのだろう。BV45の残骸の向こうには、ユンカース社がブランディスでエンジン試験を行っていたヘンシェルHs130A高々度偵察機の残骸が確認できる。（ゲオルゲ・ルーレン少将所蔵）

Me163の残骸はブランディスを占領したアメリカ兵にとって格好の記念撮影の背景となった。写真は第273歩兵連隊第3大隊司令部中隊付き対戦車小隊に所属するマーヴィン・L・フリーマン上等兵である。（マーヴィン・L・フリーマン所蔵）

　4月16日、ブランディス飛行場は第9機甲師団／A戦闘団（CCA）のコリンズ戦闘団（ケニス・W・コリンズ中佐指揮、第60機械化歩兵大隊基幹）に占領された。アメリカ軍の戦闘報告書によれば、CCAは無傷の機体2機を含む、40機相当のMe163の残骸を回収したとのことである。無傷の2機とは、Me163BV13 wk-Nr.16310022（VD+EV）と、ホルテンIX V1（Ho229）のことだろう。2機ともハンガーの中で組み立て前の状態で見つかったらしい。BV13はMe163D、量産型への改良中の機体だった。ホルテンIX V1は1945年3月にブランディスに運び込まれていた。

# II./JG400　第II飛行隊
## II. GRUPPE / JAGDGESCHWADER 400

　1944年9月末、ブランディスで編成が始まったII./JG400は、10月に入るとシュターガルトに移設された。ペーター・ゲルト少尉はまず最初の飛行中隊となる3./JG400の飛行隊長に任命された。彼の元に来た技術者たちはMe163の扱いに不慣れであり、特別訓練を受ける必要があったが、ヴァルター社から派遣されたエンジン技師は有能だった。10月7日には、ラインハルト・オピッツ少尉が部隊に合流した。また、9月にはフランツ・ヴォイディッヒ中尉が、4./JG400の飛行隊長に任命されている。その翌月には、3./JG400と4./JG400それぞれで人事交換が行なわれ、ヴォイディッヒ中尉が3./JG400を、ゲルト少尉が4./JG400を指揮することになった。

　11月12日、これらの飛行中隊に関する部隊名称の変更が行われ、同時に新設飛行中隊も誕生している。この結果、3./JG400（→5./JG400）、4./JG400（→6./JG400）という部隊改称が行なわれた。そして7./JG400がシュテッティンのアルトダムに新設され、それぞれの飛行中隊は、当面、飛行中隊長の資格を有する代理の尉官が指揮することになった。

　シュターガルト飛行場にはかなり幅広のコンクリート舗装された滑走路がある。この滑走路はポンメルン地方の同名の町の東から南東にかけて広がる隣接した国有地に設けられていて、巨大な石油精製工場があるペリッツの町に向かって約340度の範囲で滑走路が使用可能であった。パワー離陸直後の着陸もシュターガルト飛行場なら可能で、そこからMe163を牽引して飛行場に戻すための道路も新設されていた。

ペーター・ギース少尉。1944年3月から10月にかけて、彼はEKdo16とErg.St./JG400で訓練を受け、その後、6./JG400の中隊長となった。1944年1月、この中隊はブランディスからシュターガルト飛行場に移設されている。彼は終戦までこの飛行中隊を指揮していた。（JG400 Archive）

（左）ラインハルト・オピッツ少尉は、1941年に士官候補生として空軍に入隊した。1942年にはベルリン-ガトーの第2空軍軍事学校で訓練を受け、1943年にはノイビベルクの第2駆逐機学校でパイロットとしての訓練を受けた。1943年6月には少尉に昇進した。1944年8月まで兼任の教官としてZG101に勤務していたオピッツ少尉は、2機の撃墜を報告している。オピッツ自身は1944年2月に撃墜された。同年8月にはブランディスのErg.St./JG400に異動、その後、シュターガルトのⅡ./JG400に配属となって、44年11月にはシュテッティン-アルトダムの7./JG400飛行中隊長に任命された。中隊は転々と場所を変え、ザルツヴェデル、ノルトホルツを経て、1945年2月にはフースムに移動した。終戦時にはフースムで装備の破棄に携わり、その後、1946年に釈放されるまで捕虜として過ごしている。（ラインハルト・オピッツ所蔵）

（右）フランツ・ヴォイディッヒ中尉は、1941年7月、5./JG27に准尉として勤務し、北アフリカで戦った（2機撃墜）。1942年4月には3./JG52に配属となってロシアで戦い、1943年6月には飛行中隊長に任命された。1943年12月6日にはドイツ十字章を授与され、同年末には56機撃墜を認められている。1944年5月には5.(Strum)/JG4の飛行中隊長となり、同年6月9日に騎士十字章を授与された（80機撃墜）。8月11日からはErg.St./JG400でMe163の機種転換訓練を受けはじめ、9月にはブランディスの4./JG400に赴任した（後に6./JG400に改称）。10月には5./JG400の飛行中隊長に任命され、1945年4月までその地位にとどまった。彼の生涯撃墜スコアは110機、うち東部戦線での記録は107機である。（JG400 Archive）

　中隊の装備と設備も新しかった。資材はあらゆる場所からかき集められ、地上管制官のような地上要員も例外ではなかった。新資材には作業用の各種車両、T液やC液を運ぶ専用装備搭載の3トン半オペル・ブリッツや無線装置の他、飛行機までも念入りに梱包された状態で、鉄道を使い運ばれてきた。飛行隊の設備用地はまだ準備が済んでいなくて、まっさらな状態だった。この時点で、シュターガルトの「飛行士の巣（フリーガーホルスト）」には、パイロットが詰めていない状態だった。というのも、もともとここは魚雷の製造、保管施設として使われていたからだ。格納庫も改修工事を加えないとMe163の運用には役に立たなかった。

　10月末までに、各飛行隊は曳航離陸の準備と、機体に搭載するためのエンジンの試験準備の両方を終えていた。同月末には、ラインハルト・オピッツがシュテッティンのアルトダムにて7./JG400の飛行中隊長に任命される旨を記した戦闘機隊総監からのテレックスを受け取っている。アルトダム飛行場は近くにオーデル川が流れているために手狭で、凍結河川であるハフ川を使ったパワー発進も考慮しなければならなかった。しかし、このアイディアは約束の推進剤が届かなかったという理由で実施には至らなかったが、Bf110による曳航離陸だけは行なわれた。

　シュターガルトでは、幾度となくMe163が訓練飛行をしていたにもかかわらず、実戦は3回しか確認できていない。最初の出撃は1944年11月、航跡雲を引きながら飛んでいたモスキートを狙った迎撃だった。出撃したのはゲルト少尉で、後方からの攻撃により、敵乗員1人が脱出して捕虜となっている。2機目のモスキートも確認されたが、これは離脱に成功した。ゲルト少尉はこのモスキートがペリッツの石油精製工場を偵察に来たのだと確信していた。

　ゲルトの記憶によれば、この迎撃の翌日、ペリッツが爆撃されている。彼と伍長が高度4000mで飛行する敵を迎撃している。両機とも高度1万mまで上昇した後に降下に転じると、その間に2度の攻撃を行なっている。ゲルトのガンカメラには、彼の射撃が敵機の主翼に命中して、破片が飛び散っている映像が収まっていた。しかし、その日の4機の撃墜は高射砲部

隊のものだとも報告されている。普段からシュターガルト周辺の空襲には護衛戦闘機が帯同するのが当たり前だったが、この日の爆撃に限っては戦闘機の姿が見られなかった。

　オピッツ、ゲルトの両名は11月にペリッツが空襲を受けたと認めているわけだが、オピッツが暗にほのめかしているように、10月末の時点でMe163は実戦投入の準備ができておらず、またアメリカ軍の陸軍航空軍にも、1944年11月にペリッツを空襲したという記録は残っていない。イギリス空軍は1944年12月21日の夜と、翌年1月13日の夜にそれぞれ夜間爆撃を実施し、カナダ空軍も1945年2月8日にペリッツを空襲している。ところが奇妙なことに、第8航空軍は1944年10月7日のペリッツ空襲で、4機のB-17G爆撃機を対空砲火で失っているのだ！　その内容は、第457爆撃航空群／第749中隊の42-97638"Z"、第748中隊の42-102905と44-6469"U"、第750中隊の44-8046"N"である。また、これらとは別の1機（43-38529）は、帰路、海峡に墜落して5番目の犠牲となっている。

　1945年2月、飛行隊はシュターガルトを放棄して、後に残す設備は全て破壊する旨の予備命令が与えられた。II./JG400の飛行隊長ルドルフ・オピッツ大尉はBf110に乗ってシュターガルトを後にしたが、エンジンが火災事故を起こし、やむをえずシュテッティンに緊急着陸した。3月1日には部隊の移動の正式命令が出た。シュターガルトからドイツ北西の諸飛行場（バート・ツヴィシェナーン、ヴィトムントハーフェン、ノルトホルツ）に移り、そこから敵四発重爆撃機の迎撃を行なうという命令だ。I./JG400はパイロットの育成をこなしながら、ブランディス近郊の石油精製施設を防御しているにもかかわらず、同飛行隊の兵員が第II飛行隊の増強に割かれることになった。

　この命令は、官僚機構の不条理を説明してあまりある。というのも、すでに各飛行中隊はシュターガルトやシュテッティンのアルトダムから退いているからだ。しかし、II./JG400の本部小隊がシュターガルトを後にしたのは3月に入ってからのことだった。2月20日にはロシア軍の前衛がシュターガルトの南10kmに迫り、1945年3月31日にはオーデル川に到達していた。

　ゲルトによれば、彼の6./JG400は、シュテンダルを経由しつつ、1月末にはバート・ツヴィシェナーンに移動していたとのことである。5./JG400も同様に、ザルツヴェデルを経由してヴィトムントハーフェンに到着している。ザルツヴェデルで自分の中隊を見たかどうか、ラインハルト・オピッツの記憶も定かではない。

　ラインハルト・オピッツ少尉と彼の7./JG400は、1945年2月初週に厳冬のシュテッティンを後にした。彼らは全ての装備と機体を最後の列車に満載し、何事も無かったかのように運び出しを終えていた。ソ連軍の戦車部隊は、距離110kmほどのポンメルンとの境界近くにあるシュナイデミュールに姿を現していた。その数日後には、飛行中隊はザルツヴェデに到着し、そこで貨物を降ろすように命じられた。

　この間、ザルツヴェデルの飛行場を検分したオピッツ少尉は、この飛行場がMe163の運用に適していないことに気づいた。敷地は狭く、滑走路も舗装されてない。続く数週間に、様々な戦闘機中隊が現れては、また去って行ったが、JG400の飛行中隊は常に上空に飛来するアメリカ軍機を警

世界最速の戦闘機を曳く、世界で最も遅い航空機輸送手段。撮影場所はザルツヴェデルと推測されるが、Me163が拠点とした飛行場ならば、どこで見られてもおかしくない風景であり、断言はできない。（JG400 Archive）

戒して、この間は身動きがとれず、機体は周辺の農家の納屋などに隠しておかねばならなかった。

　各中隊はMe163を発進位置に付ける時に、トラックの短い牽引バーを使ってMe163を滑走路まで移動するように指導されていた。というのも、Me163は格納庫から離陸開始地点まで自走できないからだ。戦局が悪化しきっていた当時は、食料や武器弾薬を入手するのさえ困難な有様であり、当然、燃料にも同じ事が言える。Me163の移動手段をどう確保するか？　ブランディスをはじめ多くの飛行場では、周辺の農民が滑走路の整備を兼ねた草刈りに責任を負っていた。関連して牛を引き込んでの放牧も認められている。これを見たザルツヴェデルの責任者は、農民の牛を使ってMe163を離陸開始値点まで牽引しようと考えたのだ。国民軍で働いていた老農夫が雄牛を提供し、この任務にあたることになった。

　しかし、そもそもザルツヴェデルでのパワー発進を考えること自体が論外だった。終日、敵の空襲に悩まされて、機体と装備は飛行場の周辺に広く分散した状態で隠されていたからだ。各機の状態をチェックするために、何kmも歩き回るのが整備士の日課になっている。早くも3月初旬には7./JG400にバート・ツヴィシェナーンへの移動命令が出され、敵襲の緊張から解放されると同時に、ようやく実戦に参加できる望みが生まれて、隊員たちはにわかに活気づいた。この移動の下準備のために、ラインハルト・オピッツ少尉はII./JG400本部小隊のフレーメルト大尉と共にバート・ツヴィシェナーンに先行した。しかし、いざ到着してみると、フィーゼラー・シュトルヒ連絡機でさえ着陸が難しいと思えるほど狭い場所しか残っていなかった。つい最近の英仏連合軍の爆撃でバート・ツヴィシェナーン飛行場は壊滅状態にあり、7./JG400が作戦する余地など残ってはいなかったのだ。結果として、飛行中隊にはノルトホルツへの移動命令が追加された。ノルトホルツは、第1次世界対戦時にツェペリン飛行船の出撃基地として知られたクックスハーフェンの近くにある古い飛行場である。ここはMe163の実戦運用に必要な条件を全て備えていた。

　機体などの資材を積んだ貨車が到着しても、すぐには荷ほどきはされなかった。7./JG400割り当ての推進剤が到着して、エンジンの燃焼試験が実

ノルトホルツにて、離陸前にパイロットに助言している場面。(ラインハルト・オピッツ所蔵)

ノルトホルツと推測される飛行場でのパワー発進。迷彩パターンからクレム社製の機体であることが分かる。(JG400 Archive)

ユンカース製Me163B、ノルトホルツにて。Wk-Nr.191329 "黄の7"(JG400 Archive)

施できるようになったのは、貨車の到着から数日後のことだった。まずパワー発進をする前に、曳航離陸飛行の準備が必要だった。しかし、ここでも連合軍の長距離攻撃機による妨害で戦闘準備がはかどらなかったが、中隊は人員と資材を集中する作業に没頭していたと見られて、記録作成に労力が割けなかったらしく、この間の記録は残っていない。中隊首脳の関心は、ドイツ北部一帯への連合軍の急進に伴い、各地の飛行場が日々失われているという、空軍パイロットや地上要員からの情報に向けられていた。

　結局、この連合軍の進出に伴い、中隊はノルトホルツを放棄して、今度はフースムに向かうことになった。この移動は4月10日から15日にかけて行なわれた。ラインハルト・オピッツは、この移動に関しては全くといっていいほど具体的な指示が無かったことを、鮮明に覚えている。それでも、クックスハーフェンの海軍部隊と良好な関係を保っていたおかげもあり、海軍の輸送船を都合してもらってフースムへ部隊移動できる目処が付いた。一度、現地部隊の約束を得てしまえば話は早く、中隊の装備は夜のうちに貨物船に積み込まれる手はずが整った。主翼を取り付けたままのMe163が中隊装備の牽引車でノルトホルツからクックスハーフェンの港まで移動する。連合軍戦闘機の哨戒が増加して、条件はかなり悪化してい

ユンカース製Me163B、ノルトホルツにて。Wk-Nr.191454"黄の11"（JG400 Archive）

写真は4月10日、ラインハルト・オピッツ少尉がノルトホルツで飛行した機体。2日後、彼は同じ機に乗ってフースムに向かった。尾翼にステンシル塗装された製造番号は10061まで確認できるので、Me163BV52 Wk-Nr.16310061に同定される。写真からは、機体に"黄の1"と描かれているのが分かる。このMe163はイギリスに運ばれ、その後の1946年3月にはフランス空軍に引き渡されている。
（ラインハルト・オピッツ所蔵）

るが、8～10機の別のMe163は、Bf110を使った曳航飛行によってフースムに向かう段取りになっている。
　ラインハルト・オピッツの回想では、
「貨物船への飛行機の積み込み作業が終わるまで、私は自機のMe163をいつでも出撃可能な状態にしながら、ノルトホルツの舗装済み滑走路の端に駐機させていた。中隊付きの整備士は、早く機体のタンクをからにするようにとやかましかったが、私はまだパワー離陸をしてフースムに向かうべきかどうか、決めかねていたんだ」
「4月12日、夕暮れの空にイギリス軍戦闘機の姿が無かったのを見て、私は機体番号"黄の1"のMe163でパワー発進して高度1万3000mまで上昇し、エルベ河口上空を旋回した。そこからフースムまでは95から100kmほどの距離、この高度からなら高速で滑空飛行すれば、間違いなくたどり着けると確信していた。私は北海の印象的な海岸線沿いに飛行しながら、フースムの対岸にあるノルトシュトランド島を目指した。この島と陸地は、わずかな砂州で繋がっている。私は、この時に見た深く青味がかった夕暮れの空を忘れることができない。きっと、それがパイロットとしての日々の、最後の思い出となることが分かっていたからだろう」
「高度3000mで、私はフースム飛行場を確認した。まず滑走路上空、ほんの数メートルの高さを高速で飛び抜けて、基地の連中の度肝を抜いた。彼らはBf110に曳航されて飛ぶMe163を見慣れすぎていたからだ。今回の飛行は、数少ない、Me163の単独長距離飛行として記録されるだろう。私の飛行日誌には、ノルトホルツを1820時に離陸し、フースムには1829時に着陸したと書かれている」
「我々が特段の遅れもなく、フースムへの移動を終えてしまったことは、終戦間際という時期を考えれば、疑いようもないほど奇跡的な事業だったと言えるだろう。誰もが、戦争はすぐに終わると気づいていた、しかし、それがいつかは分からなかった。だからこそ、我々は配備機を組み立て直して、エンジンを試験し、いつでもパワー発進できるようにしておく必要があった」
「悲劇としか例えようのない事故が起こったのは4月14日の事だ。ライネ飛行場に迫る連合軍から逃れ、なんとかノルトホルツで我々と合流しようとしたとある軍曹が、Bf110で離陸した直後に襲われて戦死したのだ。こ

の双発戦闘機はMe163を曳航していたが、低空を飛ぶイギリス空軍のスピットファイアによって撃墜されたのだ。Me163はなんとか逃げ延びて着地を試みたが、地面に激突して、そのまま松林へと突っ込んでしまった」

ブランディスのI./JG400に所属していたMe163のパイロット、ヴェルナー・ネルテ軍曹も戦死している。撃墜したのはイギリス空軍第125航空団／第41飛行中隊長のジョン・B・シェファード少佐（DFC／バー付き）である。

II.JG400は、公式には1945年4月20日に解隊されている。解隊命令は直ちに執行に移し、5月1日までには完了すべき事が求められていた。

1945年開始時には、ドイツ北部を覆うレーダー網はまだよく組織されていたが、様々な問題から4月には機能しなくなっていた。部隊は夜明けから日没までの敵機の接近情報をレーダーから得ていたが、これが機能不全に陥った結果、中隊は自力で情報不足を補わなければならなかった。

ラインハルト・オピッツによれば、

「4月末、戦争が終わる数日前、雲の切れ間の向こうに西を目指す飛行機の航跡雲が見えたんだ。こんな雲を曳くのはイギリスの高々度偵察機しかいない。2機のMe163に迎撃命令が出された。うち1機はゲルト少尉（原隊がバート・ツヴィシェナーンで降伏する前にフースムに復帰していた）である。2機とも無事に離陸し、いつも通りに上昇を開始した。彼らが作る航跡雲がどんどん敵に近づいていくのを、我々は見守っていた。その時、海のほうから不意に見えた砲撃の閃光に気をとられ、飛行機の姿を見失ってしまったので、我々には彼らの帰りを待つ以外にはなかった」

「ゲルトはMe109戦闘機乗りとして数多くの敵機を撃墜し、Me163でも充分な経験を積んでいる。そんな彼の報告は、Me163の技術的側面で占められていた。彼は高速飛行中のモスキートを追い、航跡雲の下に潜り込

フースム飛行場のエプロンに駐機中のMe163B"黄の2"と"黄の3"。(EN Archive)

んで200mの距離まで詰めた。ところが、射撃トリガーを引くと、MK108機関砲は1発撃っただけで両方とも給弾不良を起こしてしまったのだ。モスキートのパイロットも老練だった。海上を低空飛行すれば、Me163は基地に帰投するだけの高度が稼やげなくなるのをおそれ、追跡を諦めるほか無いと気づいていたからだ。翌日、ゲルト機のMK108機関砲の試験が行われた。作動は申し分なかったが、今度は遠心力がかかった状態で射撃したところ、排莢部で弾詰まりが発生した」

　この日、攻撃を受けた偵察機型モスキートMk.XVIは、オックスフォードシャー、ベンソン基地に展開する第544飛行中隊所属機で、パイロットはJ・M・ダニエルズ大尉とJ・アモス准尉である。2人はこの時の経験を記録に残している。

「1945年4月25日、0855時、基地を飛び立った我々は、ハノーヴァーを目指しつつ、シュテッティンの港湾やコペンハーゲンを空撮する予定になっていた。9150mまで上昇して航跡雲の発生を確認したので、そこから300mほど高度を落として雲を消し、目標に向かった。天候は晴天で、目立った雲は見られなかったが、航跡雲が発生しやすい条件だったらしく、ハノーヴァーに差しかかる頃には、高度は7600mまで低下させなければならなかった」

「1050時、最初の目標、パーセヴァルク飛行場に到達したので、雲密度4という条件ではあったが、一航過で必要な撮影を終え、2番目の目標であるアンクラム、トゥットウ両飛行場も同じ条件で撮影を終えられた」

「次に我々は、ポケット戦艦《リュッツォー》[訳註17]の所在を求め、カイザー・ファールト運河に進路を変更した。ロシア軍の戦線からは高度1500mにも達する無数の煙が立ち上っていた」

「目標上空に到達、先の報告に示された場所に《リュッツォー》がいることを確認した。一航過で撮影を終えた我々は、今度はコペンハーゲンに針路をとった」

「海岸線を越えたあたりから、雲密度10の層雲が見渡す限り広がるようになっていた。天候状況は、コペンハーゲン到達予想時刻になっても変化がなく、雲の切れ間も見当たらなかったので、我々は針路259、基地の方角をとり帰投することにした」

「ところが、デンマーク西岸にさしかかる頃になると雲が消え始め、地表の様子がはっきりと分かるようになった。ヘルゴランドが左手に確認できる。そこで我々は、この島の上空を飛行して任務終了とすることに決め、針路を20度ほど左寄りに変更した【乗組員によると、この時、デンマークの海岸からは30㎞ほど離れ、高度7600m、針路245度を飛行中だったことが認められる】」

「その瞬間、私【ダニエルズ】は機体下方からキャノン砲が2発発射され、右主翼をかすめたのを認めた。航法士に大声で敵襲を知らせると、私は左急降下すると同時に、エンジンを2850回転まで上げて全速を出した。航法士からは、500m後方をFw190と思われる敵機が追尾中との警告が届く。敵機は攻撃準備中だ、と。そこで今度は右への降下に切り換えた。その時、私は敵機の姿を見た。Fw190ではなくMe163だった。私は180度旋回を繰り返し、旋回半径が270度に達するようにして、敵機を海側にはじき飛ばそうと考えた。こんなやりとりは7分も続いただろうか、この間に敵機は

訳註17：ポケット戦艦の異名を持つ装甲艦のこと。1933年4月1日に就役し、開戦時は「ドイッチュラント」と呼ばれていたが、祖国の名を冠した主力艦が失われた場合のデメリットを考慮し、1939年10月に「リュッツォー」と改称し、艦種も重巡洋艦に変更となった。1945年4月に爆撃によってスヴィネミュンデ（現ポーランド：シフィノウイシチェ）で大破着底し、戦後はソ連が接収。1947年に標的艦となって処分された。

2回攻撃してきたが、どちらも弾は右側に逸れている。敵機はほとんどロケット推進を使用しなかった」

「敵機は戦術を変えた。上下方向の蛇行を繰り返して隙をうかがい、下方から攻撃しようというのだ。航法士が知らせてくる敵の動きのタイミングにあわせて急降下する事で、私は攻撃を凌いだ。敵はしつこく食い下がり、同じ攻撃を繰り返してくるが、弾丸は命中せず、時には100mも狙いを外している。私は操縦桿を押し込み続け、高度4000mになったとき、敵機は離脱して北に向きを変えた。速度計は時速770㎞を示し、機体の振動は恐ろしいほどだった。両翼からは、翼全体を発生源としているかのような航跡雲が発生していて、長い尾を曳いている。私は機体を水平に立て直すと、方位を修正し、視界内に敵の機影がないのを確認した上で2850回転を維持し、上昇率12度で5分間飛び続けた。エンジンまわりに異常は見られない。急降下で生じた唯一の損害は、左主翼の一部を壊したことだけだった。

「帰路は高度3000mを維持し、何事も起こらなかった。1425時に基地に到着したとき、まだ航続時間を10分ほど残していた」

　1945年4月27日、ヘルベルト・フレーメルト大尉が実施したパワー発進が、おそらくフースムでのMe163の最後の実戦になったはずだ。これは、II./JG400の飛行隊長、ルディ・オピッツ大尉にとって最後となるパワー発進が行なわれたほんの数日後のことである。

「4月末になると、オピッツ大尉をはじめ、他の飛行中隊のパイロットがここフースムに集まり出した。彼らの大半はヴィトムントハーフェンやイェーファーに乗機を残して来るほか無い状況だった。オピッツ大尉はもう一度、Me163での出撃を望んでおり、7./JG400の機体を任せることになった。【4月25日】朝の時点で唯一、エンジン燃焼試験に合格していた機体を託したのだ。離陸は順調で、機体はぐんぐん高度を上げていったが、突然、エンジンが停止してロケット噴煙が途切れてしまった。後に、何が起こったのか彼に尋ねた。しかし、ルドルフ・オピッツ大尉はこの事故について口を閉ざし、炎上した機体から脱出する羽目になったのか、その理由はついに明らかにされなかった」

「高度3000〜4000mで飛行継続をあきらめたオピッツ大尉は、降下を交えつつ飛行場に帰還した。まだ脱出する時間には余裕がある。機体からは煙と炎がはっきりと確認できた。大尉は速度を落とすために飛行場上空を旋回し、着地に先立って、一度飛び越してから旋回を開始した。しかしMe163は旋回の最終段階に入ったところで、突然操縦不能になったように見られ、まもなく小さな丘の向こう側で爆煙が上がったのを確認した。この事故で大尉が無事に済んでいるはずはないと誰もが考えていたが、意外なことに、機体の残骸からかなり離れたところにある溝の中に大尉は横たわっていた。墜落直前、ハーネスを外し、キャノピーをこじ開けるのが間に合い、その直後、着地のショックで大尉が機外にはじき出されたのは明らかだった。大尉は即座にフースムの病院に運ばれ、その後、幾ばくか冒険的な状況の中、7月末に大型トラックを使って、彼をアウグスブルクに搬送している。残骸を検分したところ、彼が自力では脱出できなかったことが判明した。コクピットの中では、T液に浸されて溶けたパラシュートが見つかったからだ」

ラインハルト・オピッツは終戦時のことを次のように回想する。
「停戦命令が出されたのは1945年5月8日、朝8時だった。夜明けと共に、かなりの数の飛行機が飛び立っていった。故郷や実家に近い飛行場に向かうためだ。気象偵察中隊のJu88が北海上空での任務を2時間はやく切り上げて戻ってくると、最後の気象情報を持ってきた。朝にはノルトオストゼー運河にイギリス軍が到着して、戦争は終わった。捕虜にはならず、我々は終戦を迎えたのだ」

「2日後の昼食時、飛行場のゲート前に乗り付けたイギリス軍の装甲偵察車が、入場許可を求めている旨を当直士官が報告しに来た！　こうしてJG400所属の飛行隊と共に、飛行場は正式に降伏した。間もなく、他の戦闘飛行中隊や、国民戦闘機ハインケルHe162［訳註18］を装備した部隊も飛行場の判断に続いた」

「その後の数日間、我々は所在なさそうなソ連兵の監視の下で捕虜になっていた。間もなく、夜間爆撃作戦中の損傷もあらわなランカスター爆撃機が、イギリス空軍の士官を乗せて飛来した。彼らはMe163に興味があったのだ。我々は新総統のデーニッツから航空機や装備を破壊せず、次の指示を待つべしとの命令を受け取っていたので、フースム飛行場には臨戦態勢にあるMe163が14機と、組み立て前の部品が約12〜15機分残っていた。これらは全てイギリスに接収された。パイロットを含む全兵員は、フースムから20kmほど離れた場所に設けられた大型捕虜収容施設に送られた。

　　　ペーター・ゲルトの回想。
「私はイギリスの依頼で2度、Me163のデモ飛行をした。アイダーシュテ

訳註18：制空権奪回の期待を込めて開発された木製単発軽ジェット戦闘機。「フォルクスイェーガー（＝国民戦闘機）」とも呼ばれる。グライダー飛行ライセンス程度の技量でも空戦が可能な簡素な操作性と、生産性の高さを持つという、極めて高いハードルが課せられた機体だったが、同コンセプトの機体を独自開発していたハインケル社がHe162として量産受注した。1945年1月、生産機は第162実験飛行隊に送られて試験され、次いでJG1の第I、第II飛行隊において機種転換訓練が行なわれた。4月には実戦も経験している。終戦までに120機が出荷されたが、稼働時間が30分しかない上に、操縦性も悪かったため、例え大量生産が間に合ったとしても、国民戦闘機という役割を果たすのは難しかったと考えられる。

フースムにて。7./JG400の飛行中隊長ラインハルト・オピッツ少尉が、II./JG400飛行隊長のルドルフ・オピッツ大尉の離陸を手伝っている場面。オピッツ大尉はヨーロッパの戦争が終わる直前の4月25日に、フースムからパワー発進した。しかし、離陸は成功するも、上昇中にエンジンが停止してしまい、不時着を強いられて大尉は負傷してしまう。（ラインハルト・オピッツ所蔵）

ットの捕虜収容所から、Me163を飛ばすためにフースムに連れ出されたんだ。その後、私は整備要員としてロンドンに連れて行かれたが、何もする事は無かったよ」

「ラインハルト・オピッツ少尉は、かなりの量の機体と予備パーツを取りそろえると、中隊の兵員20名ほどを指揮して、イギリス軍関係者に操縦や運用方法を教えることになった。イギリス軍士官や技師との議論は実りが多く、友好的な雰囲気さえ感じられたほどだ」

「飛行場の一部は数千台に及ぶドイツ軍の軍用車両の駐車場となり、格納庫には価値のありそうな資材やパラシュートなど、飛行機関連の装備が山積みにされた。また、フースムにはイギリス軍の戦闘機隊が進出してきたので、スピットファイアXXI型やテンペストを間近で見ることができた。見物しようとしても、だれも邪魔はしなかったし、もし何かあっても、イギリス軍司令官が発行してくれた通過許可証があったから、何も問題はなかったんだ」

降伏後、フースムで撮影されたMe163B Wk-Nr.190598。(EN Archive)

# 付 録
APPENDICES

**付録1**
**部隊編制と指揮官**

■**JG 400（第400戦闘航空団）**
司令官：
ヴォルフガング・シュペーテ少佐（44.11〜45.4）

■**I./JG 400（第I飛行隊）**
1944年8月、ブランディスで編成
　→1945年4月、同地で解隊

飛行隊長：
ヴォルフガング・シュペーテ少佐、RK、EL、DK（44.8〜10）
ルドルフ・オピッツ大尉（代理）、EKI（44.10〜11）
ヴィルヘルム・フルダ、RK（44.12〜45.2）
アルベルト・ファルダーバウム（45.2〜4）

・1./JG 400（第1飛行中隊）
1944年2月1日、20./JG 1としてヴィトムントハーフェンで編成
　→1944年7月、ブランディスに移動
　→1945年4月、解隊

飛行中隊長：
ロベルト・オレイニク大尉、RK（44.3〜4）
オットー・ベーナー大尉（44.4〜5）
ルドルフ・オピッツ中尉、EKI（44.5〜7）
ロベルト・オレイニク大尉、RK、EP（44.8〜11）
アルベルト・ファルダーバウム大尉（44.12〜45.2）

・2./JG 400（第2飛行中隊）
1944年3月、オラニエンブルクで編成
　→1944年7月フェンローに移動
　→1944年9月、ブランディスに移動
　→1945年4月、解隊

飛行中隊長：
オットー・ベーナー大尉、EKI、EKII（44..7〜45.2）
ヨハンネス・ポルツィン大尉（45.2〜4）

・3./JG 400（第3飛行中隊）
1944年8月、ブランディスで編成
　→1944年11月、5./JG 400に改称
1944年11月、ブランディスで新たに編成
　→1945年4月、解隊

飛行中隊長
フランツ・レースル中尉（44.11〜45.4）

・4./JG 400（第4飛行中隊）
1944年8月、ブランディスで編成開始
　→9月に創隊命令が下るが、11月に取り消される

飛行中隊長
ハインリヒ・シュトルム大尉（44.9〜11）

■**II./JG 400（第I飛行隊）**
1944年8月、ブランディスで編成
　→1944年11月、シュターガルトに移動
　→1945年2月、イェーファーに移動（司令部のみ）
　→1945年4月、フースムに移動（司令部のみ）
　→1945年5月、フースムで降伏

飛行隊長
ルドルフ・オピッツ大尉、EKI（44.11〜45.5）

・5./JG 400（第5飛行中隊）
1944年8月、ブランディスで3./JG 400として編成
　→1944年10月、シュターガルトに移動
　→1944年11月、5./JG 400に改称
　→1945年1月、シュテンダル経由でバート・ツヴィシェナーンに移動
　→1945年4月、バート・ツヴィシェナーンで降伏

飛行中隊長
ヨアヒム・ランゲン大尉（44.9 〜 10）
フランツ・ヴォイディッヒ中尉、RK、DK（44.10 〜 45.4）

・6./JG 400（第6飛行中隊）
1944年8月、ブランディスで4./JG 400として編成
　→1944年10月、シュターガルトに移動
　→1944年11月、6./JG 400に改称
　→1945年1月、ザルツヴェーデル経由でヴィトムントハーフェンに移動
　→1945年4月、ヴィトムントハーフェンで降伏

飛行中隊長
フランツ・ヴォイディッヒ中尉、RK、DK（44.9 〜 44.10）
ペーター・ゲルト少尉（44.10 〜 45.4）

・7./JG 400（第7飛行中隊）
1944年11月、シュテッティン-アルトダムで編成
　→1945年2月、ザルツヴェーデルに移動
　→1945年3月、ノルトホルツに移動
　→1945年4月、フースムに移動
　→1945年5月、フースムで降伏

飛行中隊長
ラインハルト・オピッツ少尉、EK（44.10 〜 45.5）

■Erg.St./JG 400（第400戦闘航空団／予備飛行中隊）
1944年7月、バート・ツヴィシェナーンで編成
　→1944年7月、ブランディスに移動
　→1944年10月、ウーデットフェルトに移動
　→1944年11月、IV./EJG 2に統合され、13./EJG 2に改組される

飛行中隊長
フランツ・メディカス中尉（44.7 〜 8）
ハンス・ノーヒャー大尉（44.9 〜 10）

■IV./EJG 2（第2予備戦闘航空団／第IV飛行隊）
1944年11月、ブランディスで編成
　→1944年12月、シュプロッタウに移動
　→1945年2月、エスペルシュテットに移動
　→1945年3月、シュレスヴィヒホルシュタインに移動

飛行隊長
ロベルト・オレイニク大尉、RK（44.12 〜 45.3）

・13./EJG 2（第13飛行中隊）
1944年10月編成開始、原隊はErg.St./JG 400
　→1945年1月、エスペルシュテットに移動
　→1945年2月、ブランディスに移動

飛行中隊長
アドルフ・ニーマイヤー中尉（44.11 〜 45.3）

・14./EJG 2（第14飛行中隊）
1944年11月、ブランディスで編成。
　→1944年12月、シュプロッタウに移動
　→1945年2月、エスペルシュテットに移動
　→1945年2月、ブランディスに移動

飛行中隊長
ヘルマン・ツィーグラー少尉（44.11 〜 45.3）

・15./EJG 2（第15飛行中隊）
1944年11月、ブランディスで編成。
　→1944年12月、シュプロッタウに移動
　→1945年2月、エスペルシュテットに移動

飛行中隊長
エルヴィン・シュトルム大尉（44.11 〜 45.1）

## 付録2
### JG400, Erg.St./JG400, IV./EJG2のパイロットリスト

| パイロット | 部隊 |
|---|---|
| **少佐** | |
| ゲルハルト・フィヒトナー | 5./JG 400 |
| **大尉** | |
| ヘルベルト・フレーメルト | II./JG 400 |
| ユルゲン・ヘーペ | I./JG 400 |
| エーレンフリート・シュルツェ | I./JG 400 |
| ベルンハルト・グラーフ・フォン・シュヴァイニッツ | I./JG 400;2./JG 400 |
| **中尉** | |
| ディートリヒ・アンガーマン | Erg.St./JG 400 |
| ヴォルフガング・ボイディス | Erg.St./JG 400;1./JG 400 |
| ヨアヒム・ビアルカ | 2./JG 400 (44.08.12事故死) |
| ハインツ・デンニッケ | 1./JG 400 (45.01.13事故死) |
| ゲルハルト・エベーレ | 1./JG 400;5./JG 400 |
| ハンス-ヴェルナー・エーテル | 4./JG 400 |
| フランツ・レースル | 1./JG 400;3./JG 400 |
| ハンス・ファゼル | 4./JG 400 |
| フリッツ-ヨアヒム・グローマン | 2./JG 400 |
| ルートヴィヒ・ケール | 1./JG 400 |
| ハンス・ケンネッケ | 6./JG 400 |
| ヘルベルト・ライテレー | ?/JG 400 |
| クルト・ミューラー (EKI,EKII) | I./JG 400 |
| シュルツ | 1./JG 400 (44.09.13事故死) |
| ヴォルフガング・ヴォーレンヴェーバー | 13./EJG 2 |
| **少尉** | |
| ギュンター・アンドレアス | 2./JG 400 |
| エルヴィル・バウエル | Erg.St./JG 400 |
| ハンス・ボット (EKII) | 1./JG 400 (44.10.11負傷) |
| パウル・ブラウン | 1./JG 400 |
| フォン・ドンナー | ?/JG 400 |
| アルブレヒト・フィンケ | ?/JG 400 |
| ジークフリート・グラーフ | I./JG 400 |
| エゴン・グロッセ | 4./JG 400 |
| ヴェルター・ハゼリン | Erg.St./JG 400 |
| ヘルベルト・ホーファー-スルムタール | ?/JG 400 |
| ヴェルター・ユング | 14./EJG 2 |
| フリードリヒ・ケルプ | 2./JG 400 |
| クルト・クラフト | ?/JG 400 |
| ヴェルナー・レーン | 6./JG 400 |
| ハンス-ルートヴィヒ・レッシャー | 14./EJG 2;1./JG 400 |
| ハルトムート・リル | 1./JG 400 (44.08.16戦死) |
| ロルフ・シュレーゲル | 2./JG 400 |
| ハインツ・シューベルト | 2./JG 400 |
| **曹長** | |
| ヤコブ・ボーレンラス | 2./JG 400 (44.11.02戦死) |
| フリードリヒ=ペーター・フッサー (EKI) | 1./JG 400;2./JG 400 (44.10.07負傷) |
| オットー・クルーチュ | 1./JG 400 |
| クリストフ・クルツ | 2./JG 400 |
| ヴィルヘルム・ヨゼフ・ミュールストロフ | 1./JG 400 |
| アウグスト・ミューラー | 1./JG 400 |
| ヴェルナー・ネルテ | 1./JG 400 (45.04.14戦死) |
| ヘルムート・ロイカウフ | 1./JG 400 (44.09.13戦死) |
| ホルスト・ローリ | 2./JG 400 (44.11.02戦死) |
| ヘルベルト・ストラツニッキー | 1./JG 400 (44.11.02戦死) |
| ブロイカー | II./JG 400 |
| **軍曹** | |
| フライシュマン | ?/JG 400 (45.03.15戦死) |
| ロルフ・グログナー (EKI,EKII) | 2./JG 400 |
| デトレフ・ハンブルガー | ?/JG 400 |
| ゴトフリート・ハウシュ | Erg.St./JG 400;13../EJG 2 |
| ヘルベルト・クライン | 14./EJG 2;1./JG 400 |
| ゲルハルト・モール | 1./JG 400 |
| インゴ・ペソルト | I./JG 400 |
| シュメルツ | 2./JG 400 |
| エルンスト・シェルパー | 2./JG 400 |
| クルト・シーベラー (EKII) | 1./JG 400 |
| ショリース | 13./EJG 2 |
| ジークフリート・シューベルト | 1./JG 400 (44.10.07戦死) |
| ヴァルデマール・ヴァラシオフスキ | ?/JG 400 |
| ハンス・ヴィーデマン | 1./JG 400 (45.04.13戦死) |
| エルンスト・ツィールスドルフ | 2./JG 400 |
| ルドルフ・ツィンマーマン | 1./JG 400 |
| カール・マルセン (マゲーズッペ) | I./JG 400 |
| **伍長** | |
| マンフレート・アイゼンマン | 2./JG 400 (44.10.07事故死) |
| ロルフ・エルンスト | 1./JG 400 |
| フェルナー | 2./JG 400 |
| ジークフリート・グラーフ | I./JG 400 |
| ヘルベルト・ヘンチェル | 2./JG 400 |
| ヴェルナー・フーゼマン | ?/JG 400 |
| エゴン・ケルクホフ | ?/JG 400 |
| クルト・コンラート | ?/JG 400 |
| カール・マウラー | ?/JG 400 |
| ヨゼフ・マンテニッヒ | 2./JG 400 |
| ゲオルク・ネール | 2./JG 400 |
| フェルディナント・シュミッツ | ?/JG 400 |
| オスヴィン・シューラー | 1./JG 400 |
| ルートヴィヒ・シュヴァイガー | ?/JG 400 (45.行方不明) |
| ウド・シュヴェンガー | ?/JG 400 |
| スラビー | ?/JG 400 |
| ジークフリート?・ゾンマー | ?/JG 400 |
| ヘリベルト・スポンホイアー | ? |
| アントン・シュタイデル | 1./JG 400 |
| シュタインメッツ | I./JG 400 |
| アントン・シュース | 2./JG 400 |
| トマス | 2./JG 400 |
| ヴァイホルト | Erg.St./JG 400; IV./EJG 2 |
| レオ・ツィーロンカ | ?/JG 400 |
| **上等兵** | |
| ベルント・フォン・ブレーメン | 3./JG 400 |
| ハンス・デーラマン | ?/JG 400 (45.01.21事故死) |
| ヘルマン・ギーゼル | Erg.St./JG 400 (44.12.17戦死) |
| フランツ・カルト | 2./JG 400 |
| ホルスト・ラッハマン | Erg.St./JG 400 (44.12.17戦死) |
| ゲルハルト・シュトーレ | 14./EJG 2 ;3./JG 400 |
| **正飛行士 (大尉)** | |
| ヴァルター・ディトマー | I./JG 400 |

付録3

■オットー・ベーナー大尉
1913年12月14日、ハンブルクに誕生する。1934〜35年、工学を学びながら、パイロット資格も取得する。空軍に入隊すると、オルデンブルクでBライセンスを取得する。1937年10月にはルートヴィヒスルストの操縦学校でCライセンスを取得する。その後、ヴェルノイヒェンの戦闘機学校に入校した。1937年4月、少尉に任官すると同時にマンハイムの4./JG334（後にJG53に改称）に着任した。フランス戦役では3機撃墜を申請している。1940年6月10日には自身が撃墜されてしまい、機外に脱出できたものの、負傷し、敵軍の捕虜となった。フランス戦役が終わると解放されてボルドーに送られ、そこからパリを経由しつつ、マンハイムに帰還した。この時、治療のためにヴィスマールの空軍病院に送られている。退院後はJG53に復帰してディナンに赴くが、間もなくシュレジエンの飛行学校にスタッフとして派遣される。1940年1月には6./JG53の飛行中隊長に任命された。バトル・オブ・ブリテンではもっぱら護衛任務をこなし、2機撃墜を申請している。1940年10月から1941年9月にかけてはベルク-シュル-メール、サン・オマール、イェーファー、ベルリン-デーベリッツ、ヴェスターラント、ベルゲン・フォン・ゼー（オランダ）と、各地を転々とした。1941年12月、ミュンヘン、フォッジアを経由してシチリア島に移動。マルタ島攻撃に参加中、対空砲火で損傷を受けるも、どうにか自力での帰還に成功。1942年3月以降は北アフリカのJG53で技術士官として勤務する。1943年、ペーネミュンデの第16実験飛行隊（EKdo16）に配属され、直後、バート・ツヴィシェナーンに部隊は移動。1944年1月、事故死した"ヨッシ"・ペース中尉の後を受けてEKdo16の技術士官となる。4月21日には、オレイニク大尉の事故を受け、1./JG400飛行中隊長に就任。5月28日に事故で負傷するも、治療中の7月には2./JG400飛行中隊長に就任する。1944年9月初頭には、中隊とともにブランディスに移動。1945年4月、チェコスロヴァキアのヘプで陸軍の指揮下に入るよう命じられる。

■ハインリヒ・"ハイニ"・ディトマー操縦士
1911年3月30日、バート・キッシンゲンに誕生。シュヴァインフルトの商業学校に進学。1925〜29年にかけて、ドイツの数々の飛行機競技会で優勝。1929年、ヴァッサークッペのレーン・ロシッテン協会（RRG）に所属しA／Bグライダーライセンスを取得する。1931〜32年、コンドル・シリーズのグライダーを設計。1932と1933年、RRG主催の競技会に優勝する。ゲオルギー教授とともに南米遠征に参加し、1934年2月にはグライダー飛行による最高高度記録（4675m）を樹立する。また同年のRRG主催の競技会でも、チェコスロヴァキアのリバンにて、グライダー飛行距離の世界記録（375km）を、また複座グライダーので最高高度記録（2700m）をそれぞれ樹立している。1935年にはグライダー飛行によるアルプス山脈越えに成功。1937年にはユングフラウヨッホで開催された第1回国際アルプス・グライダー飛行競技会の優勝者となる。さらに同年、ヴァッサークッペで開催されたRRG主催の第1回国際グライダー飛行選手権で世界チャンピオンとなり、翌年の1938年には、数々の記録を称えヒンデンブルク・トロ

フィーを、国際グライダー飛行協会からも金メダルが授与された。また、1938年には国家社会主義航空軍団の高級中隊指導者に任命された。1936年からはダルムシュタットにあるドイツ滑空飛行研究所（DFS）のテストパイロットも務めている。そして1939年にはアウグスブルクのメッサーシュミット社内に設けられたL局に所属し、DFS194、Me163Aのテストパイロットを務める。1941年のMe163A飛行試験では世界初の時速1000kmを達成し、航空研究の発展への寄与が認められてリリエンタール賞を受賞、正飛行士の資格も得た。1942年にはMe163の着陸事故で負傷している。戦後は企業勤めとなる。連合軍から禁じられていたグライダー研究が認められるようになると、1951年にはグライダーの開発、製造現場に復帰する。そして1960年4月28日、マンハイムでルール川上空をグライダー飛行中に事故で命を落とした。

■アルベルト・ファルダーバウム大尉
1913年4月10日、ボンの近郊、ニーダープライスに誕生。17歳で初飛行、翌年には早くもエンジン機の単独飛行をこなしている。1931年、エンジン機によるアクロバット飛行ライセンスを取得し、1934年には飛行教官として空軍に入隊する。1937年にはドイツ・アクロバット飛行競技会に初出場（第2位）、翌年からは2年連続優勝を飾る。開戦から1943年8月までは、ブランデンブルクのブリエストにある飛行教官養成学校の教官を務め、その間、1941年7月に少尉、1942年7月には中尉、1943年7月には大尉と順調に昇進した。1943年8月～10月には第10計器飛行学校の教官を務め、その後、I./JG110の飛行隊長に就任、1944年8月までその任にあった。次いで10月までの短期間、クヴェードリンブルクの前線操縦士待機所に籍を置き、1944年10月からブランディスのErg.St./JG400でMe163への機種転換訓練を受けた。1944年12月には1./JG400に配属となり、ロベルト・オレイニク大尉がIV./EJG2の飛行隊長に、ヴィルヘルム・フルダ大尉がI./JG400の飛行隊長にそれぞれ異動するのに伴い、オレイニク大尉の後を受けて、1945年2月に1./JG400の飛行隊長に就任する。戦後はシェル石油の販売マネージャーとして勤務するかたわら、ドイツ国外の競技会に参加していた。1955年には国内のイベントにも参加している。1961年9月29、アウグスブルクにてSIAT-222の試験飛行中に事故死した（機外脱出時にパラシュートが機体に絡んでしまった）。

■ヴィルヘルム・フルダ大尉
1909年5月21日、ベルギーのアントワープで誕生。1941年6月14日、ギリシア侵攻作戦におけるコリントス-イストモスへのグライダー降下作戦を成功させた功績で騎士十字章を受勲した。1941年8月～12月に3./LLG1、1941年12月～1942年2月に17./KGzbv1、1942年2月～6月に1.Gotha.St/KGzbv1（第1ゴータ中隊）、1942年6月～12月には1./LLG2の幕僚、1942年12月～1943年8月にErg.Gr（S）1、1943年8月～11月にStab/JG301の技術士官、1943年11月～1944年1月に9./JG301の飛行中隊長、194年1月～2月はII./JG301の飛行隊長、1944年2月～7月は戦闘機隊総監付監察官、1944年8月に予備戦闘飛行隊隊長、1944年8月～9月にII.JG4、1944年10月にI./JG302飛行隊長、1945年1月～2月にI.JG400飛行隊長と、数多くの任

務に就いた。1945年4月から終戦まではI./JG400の残余を歩兵として率いて、ヘプ〜シルンディンク間で戦った。1977年8月8日、ハンブルクにて死去。

■ペーター・ゲルト少尉
1921年7月5日、バーデン―ヴュルテンベルクのプフォルツハイムで誕生。1941年7月から1943年9月にかけてJFS5の第3、第4中隊で教官を務める。1942年6月、少尉に昇進。その後はII./JG51を皮切りに、1944年1月〜3月に戦闘機隊-東の第1飛行中隊で戦闘機パイロット教官を務め、1944年3月〜10月にEKdo16配属、1944年11月から1945年4月まで6./JG400の飛行中隊長を務めた。

■アレキサンダー・マルティン・リピッシュ理学博士
1894年11月1日、ミュンヘンに誕生。1909年9月、オーヴィル・ライトがベルリンのテンペルホーフで実演したデモ飛行に感銘を受けて、飛行機開発の世界にのめり込む。第1次世界大戦ではドイツ軍に入隊して、ロシア戦線で航空写真偵察による地形図作成に従事した。1917年12月にロシアとの間で休戦が成立すると、リンダウ-ロイティンのツェッペリン研究所で航空力学部門の助手となるが、クラウディウス・ドルニエと知り合う機会を得て、後にコンスタンツ湖（現ボーデン湖）畔のフリードリヒハーフェンにほど近いゼーモースのドルニエ社に移る。1918年8月の終戦時には、リンダウ近郊のゼッハで勤務していた。また、ブラジル政府から航空写真を使った地図製作の依頼を受けて契約寸前だったが、ヴェルサイユ講和条約に抵触するという理由からキャンセルを強いられている。1921年、フリッツ・シュヴァイツァーを頼って、航空力学者としてヴァッサークッペに移り、ゴットロープ・エスペンラウプらとともに無尾翼グライダーの開発に着手する。また、ヴァッサークッペに籍を置きながら、1922年秋にはグライダー製作で有名なヴェルテンゼーグラー社にも加わっている。1923年11月にはヴェストファリアのハーゲンにあるシュタインマン航空工業にも関与して、無尾翼-後退翼機の開発に着手した（ヴィンターベルクで試験飛行された）。1925年には、ヴァッサークッペのRRG研究所に技術開発局長として就任した。この会社はゲオルギー博士の下で、シュトルヒやデルタシリーズで知られるグライダーの他、モーターグライダー、軽飛行機などを開発していた。1928年には義兄弟のフリッツ・シュタマーとともに、オペル社のロケット推進エンテ機開発に先だち、ロケット推進型飛行機の試験に着手した。1934年、ダルムシュタットのDFSにおいてデルタシリーズの開発を開始、1936年にはMe163の前身となるDFS194を生み出した。1939年1月にはアウグスブルクのメッサーシュミット社に移籍して、社内の独立部署である「L局」の局長に就任すると、Me163の開発を本格化させた。1943年3月29日には「ジェット推進飛行における飛行メカニズム」の論文が認められ、ハイデルベルク大学から博士号を授与された。1943年4月28日にメッサーシュミット社を退職すると、Me163開発のコンサルタントという肩書きを残しながら、5月1日付でウィーン航空研究所の所長に就任した。ウィーンではローリンジェットやラムジェットを使ったデルタ翼機の開発に没頭する。ソ連軍が迫るウィーンを逃れたリ

ピッシュは、ヴォルフガング湖畔のシュトローブルにたどり着き、そこでアメリカ軍に投降した。1945年5月23日に、パリにて連合軍による尋問を受けた後、さらに調査のためにロンドンのウィンブルドンに連行された。1946年1月からはオハイオ州デイトンにあるアメリカ陸軍航空軍技術コマンドの航空力学アシスタントとして雇われ、1947年にはフィラデルフィアのアメリカ海軍材質研究所に移った。1949年にはコリンズラジオ工業に入社して、無線誘導機（ドローン）や軽飛行機に関するコンセプトをまとめた。1950年2月にはアイオワ州シダー・ラピッズにあるコリンズ流体力学研究グループのチーフになり、地面効果翼機の開発に傾注した。1956年には、さらに研究を進めるためにリピッシュ研究所を設立し、ライン飛行機製作所で作られた機体は、コンスタンツ湖でシュペーテの操縦により試験飛行されている。1972年にはドルニエ社のコンサルタントとしてドローンの開発に関与する。1976年2月11日、癌により死去した。

### ■フランツ・メディクス中尉

1909年6月3日、アウグスブルク近郊のボービンゲンに誕生。1928年にヴァンゲン／アルガウのグライダー学校でA／Bライセンスを取得し、1930年にはバイエルン、ゲロールスフィンゲン近郊のハッセルベルクでCライセンスを取得した。1934年からグライダー飛行の教官となる。1935年にはエンジン機の操縦ライセンスを取得し、1937〜1939年にかけての時期は、ハッセルベルクのグライダー学校の校長を務めた。空軍軍管区予備役から操縦士コースに割り当てられ、BI、BIIエンジン機ライセンスを認められた。1940年にはブランデンブルク-ブリーストにて飛行教官コースを修了し、カウフボイレンやゲルンハウゼンで教官を務めている。1943年10月〜1944年2月にはJG104に勤務し、1944年2月、バート・ツヴィシェナーンのEKdo16に配属となった。1944年7月にはErg.St./JG400の飛行中隊長に任命される。1944年10月〜1945年2月に6./JG400、以後5月の終戦まで5./JG400に在籍していた。戦後はテストパイロットを職業とした。1954年には社団法人バイエルン飛行スポーツ連盟のグライダー飛行名誉コンサルタントに就任したが、1960年10月27日、キームガウのウンターヴェッセンにて墜落事故を起こして死亡した。

### ■アドルフ・ニーマイヤー中尉

1912年4月17日、ハーメルンに誕生。1943年7月から1944年4月まで、空軍グライダー訓練学校に所属。1944年4月〜8月にはEKdo16、1944年8月〜11月にErg.St./JG400、1944年11月〜1945年3月に13./EJG2の飛行中隊長、最後はJG400に戻った。2002年、ハーメルンで死去。生涯最期の瞬間まで、彼はドイツ最年長の飛行ライセンス保持者であり、ヘリコプターを操縦していた！

### ■ロベルト・イグナツ・オレイニク大尉

1911年3月9日、ボーベック（現在のエッセン郊外）に誕生。1933年10月ドイツ民間企業飛行士学校に入学。1935年3月には空軍に入隊した。1936年10月には曹長として2./JG3に着任。バトル・オブ・ブリテンでは5機撃墜を記録する。1940年9月9日に2級鉄十字章、9月30日には1級鉄十字章

を授与される。中尉に昇進後、1941年5月に1./JG3（後に4./JG1に改称）の飛行中隊長に任命される。1941年7月18日、帝国元帥ゲーリングから空戦名誉杯を、7月30日に騎士十字章を授与される（41機撃墜）。1941年秋、中隊と共にオランダに移動、この時に彼は37機撃墜を申請している。1943年5月まで4./JG1に勤務し、その後、暫定的にII./JG1を指揮している。1943年7月にはIII./JG1の飛行隊長に昇進し、同年10月にはEkdo16に赴任した。1944年3月にヴィトムントハーフェンで1./JG400の飛行中隊長となり、4月21日、同地でMe163B V16の離陸事故による負傷したが、7月中旬にはブランディスで職務復帰を果たした。1944年9月にはふたたび1./JG400の中隊長となっている。1944年12月にはシュプロッタウに新設されたIV./EJG2の飛行隊長となり、1945年1月末には、飛行隊と共にエスペルシュテットに移動、同地に4月中旬までとどまった（2月に一部のパイロットがブランディスのJG400に引き抜かれている）。4月、エスペルシュテット飛行場放棄の直前にブランディスに向かい、ドレスデンからチェコ国境に書けての陸軍に合流するよう命令を受け、同地でアメリカ軍の戦争捕虜となる。生涯撃墜数は42機。1988年10月29日、ミュンヘンにて死去。

**■ラインハルト・オピッツ少尉**
1923年8月17日、リューデンスハイム・アム・ラインに誕生。19387年にグライダーのライセンスを取得した。1941年に空軍の士官候補生となり、1942年、ベルリン-ガトウの第II空軍軍事学校で飛行訓練を受ける。1943年にはノイビベルクの第II駆逐機学校で戦闘機の操縦訓練を受けた。1943年6月、少尉に昇進。1944年8月までZG101で教官兼任の戦闘機パイロットになり、この間にB-17とP-51、それぞれ1機撃墜の申請をしている。1944年2月にはオピッツ機が撃墜されている。1944年8月、ブランディスのErg.St./JG400に配属。1944年11月にはシュテッティン-アルトダムの7./JG400飛行中隊長に就任した。1945年2月に、中隊はザルツヴェデル、ノルトホルツを経てフースムへと移動している。戦後はフースムでMe163の武装解除に携わった。1945年6月には戦争捕虜となり、1946年に釈放。その後は、エンジニアとして工場に勤務した。1951年には冶金工学の学位を取得し、1985年には工科ドクトルとなった。1952年にはグライダー飛行ライセンスを更新、1956年にはプライベートな飛行ライセンスも更新している。

**■パウル・ルドルフ・"ルディ"オピッツ大尉**
1910年8月9日、シュレジェンのランデシュット（現ポーランド領カミエンナ・ゴラ）で誕生。1927年〜34年、家具製造会社に徒弟奉公に出るが、そこで木製飛行機の製造に携わる。1935年〜39年、ヴァッサークッペのレーン・ロシッテン協会でグライダー飛行教官となり、同時に、ダルムシュタット-グリースハイムの帝国曳航／曲芸飛行学校、グライダー飛行研究所、飛行調査研究所、そしてドイツ滑空飛行研究所（DFS）などでもテストパイロットを務めていた。1935年にはB1級およびC級飛行ライセンスを取得する。1936年と1938年には各地のグライダー飛行競技会に参加。国際グライダー飛行協会の主催退会で優勝、国家社会主義航空軍団、ダルムシュタット市、それぞれが主催した大会では準優勝に輝いた。1939年、

操縦士として空軍に入隊し、1940年5月10日には、オランダ＝ベルギー国境部にあるエバン＝エマール要塞及びアルベール運河に対する、コッホ強襲隊によるグライダー強襲にDFS230を操縦して参加している。この功績が認められて1級鉄十字章を授与され、軍曹に昇進した。その後、ヒルデスハイムのグライダー学校に転属となり、グライダー飛行の教官として航続を育て、第4輸送用グライダー操縦学校の飛行場施設責任者となった。1941年5月にフランクフルト・アム・マインに異動後、中尉に昇進。1941年8月にはメッサーシュミット社の「L局」に転属となり、テストパイロットとしてペーネミュンデに送られた。1942年5月、同地のEKdo16に赴任し、バート・ツヴィシェナーンに移動している。1944年5月にはヴィトムントハーフェンで負傷したオットー・ベーナー大尉に代わり、1./JG400の飛行中隊長代理を務め、1944年7月には中隊ごとブランディスに移動した。10月にはI./JG400の、11月にはII./JG400のそれぞれ飛行隊長に任命され、後者の部隊とともにブランディスからシュターガルト、フースムへと移動を繰り返した。1945年5月8日、II./JG400はフースムでイギリス軍に降伏した。戦後、オピッツはアメリカ陸軍航空軍の航空技術コマンドに雇用され、オハイオ州デイトンのライト・フィールドに移り、次いで、コネティカット州ストラトフォードのライカミング社でガスタービン機の実戦に関するスーパーバイザーを務めている。2010年5月1日、"ルディ"・オピッツはアメリカで死去した。

■フランツ・レースル中尉
1920年3月20日、アウグスブルクに誕生。1944年3月〜9月、ヴィトムントハーフェンおよびブランディスで1./JG400に所属。1944年11月〜1945年4月、ブランディスで3./JG400の飛行中隊長の任にあった。

■ヴォルフガング・シュペーテ少佐
1911年9月8日、ドレスデンに誕生。1927年にヴァッサークッペでグライダー飛行ライセンスを取得する。1934年以降はドイツ内外のグライダー飛行競技会に参加し、1938年のRRG主催競技会では総合優勝を果たした。滑空飛行部門では7番目の金製業績徽章を受ける栄誉を得た。1937年にはダルムシュタットのDFSのテストパイロットとなり、同市の工科大学で勉強も開始した。開戦と同時に予備役少尉として招集され、ポーランド、フランス戦では2./H23に配属されて、Hs126での偵察任務に就いた。1941年1月1日に戦闘機乗りとして5./JG54に転属し、バルカン、ロシア戦線に参加。1941年8月9日、帝国元帥ゲーリングから空戦名誉杯を授与される。1941年9月、5./JG54の飛行中隊長に就任する。同年10月5日、中尉昇進と同時に騎士十字章を授与（45機撃墜）、同年12月20日にはドイツ十字章を授与される。1942年4月23日、柏葉を追加（72機撃墜）。1942年5月、大尉に昇進すると同時にMe163の総監幕僚に任命され、同機の実戦運用試験を任務とするEKdo16の隊長となった。1944年5月にはIV./JG54の飛行隊長となって東西戦線で戦ったが、8月にはI./JG400の飛行隊長としてブランディスに戻る。1944年12月に少佐に昇進と同時に、JG400司令官に就任する。1945年4月にはアルト-レーネヴィッツのI./JG7（Me262装備）飛行隊長となり、後に部隊はプラハに移動した。終戦時の撃墜数は99機。戦後はテ

ストパイロットとしてフランス空軍に勤務、次いでフランクフルト・アム・マインの写真機メーカーのディレクターを務めた。1956年〜67年にはドイツ連邦空軍に中佐として復帰し、67年〜71年にはリピッシュの研究に参加、博士が開発した地面効果翼機のテストパイロットを務めている。引退後は航空関係のジャーナリストとして活躍した。1997年4月30日、オルデンブルク近郊のエーデヴィヒトにて死去した。

■フランツ・ヴォイディッヒ中尉
1921年1月2日、ボヘミアのツナイム（現チェコ共和国ズイノモ）に誕生。1941年7月、5./JG27に准尉として着任。北アフリカで戦った（2機撃墜）。1942年4月にはロシア戦線の3./JG52に異動となり、1943年6月には同飛行中隊長に任命された。1943年9月13日には帝国元帥ゲーリングより空戦名誉杯を授与され、同年12月6日にはドイツ十字章を授与された。1943年末までに56機撃墜を記録し、1944年5月には5.（Strum）/JG4の飛行中隊長に就任した。1944年6月9日、少尉昇進と同時に騎士十字章を賜っている。1944年8月11日からMe163への機種転換訓練のためにErg.St./JG400に配属となり、9月11日にはブランディスの4./JG400（後に6./JG400に改称）に着任する。中尉昇進後、1944年11月から翌年4月まで5./JG400の飛行中隊長の地位に就き、終戦を迎える。生涯撃墜数は110機、うち107機はロシア戦線での記録である。

■ヘルマン・"マーノ"・ツィーグラー少尉
1908年6月7日、レーラッハ近郊のヴィレンに誕生。1928年、ベルリンの体育教育大学に進学、その後、高飛び込みの選手として頭角を現して、オリンピック代表に選抜される。1932年から34年にかけてのシーズンには高飛び込みの学生世界チャンピオンになる。両親や身寄りがなく、生計を立てるために金融の学問にも打ち込んだ。1932年から39年にはアウトウニオン社の広報部長のアシスタントを務めている。戦争が始まると空軍に入隊し、少尉に昇進すると同時にEKdo16に志願して、1943年10月、バート・ツヴィシェナーンで部隊に合流した。その後、イェーザウに赴いて、クレム社製Me163の飛行試験に技術士官として携わっている。1944年7月にバート・ツヴィシェナーンに戻ると、9月にはブランディスのErg.St./JG400に配属になった。1944年11月には14./EJG2の飛行中隊長に任命されるが、部隊はラングスドルフ、シュプロッタウ、エスペルシュテットと移動を繰り返し、1945年2月にはブランディスに戻って生きた。ソ連軍の捕虜となり、戦後は解放されてベルリンに戻ったのち、西ドイツに逃亡した。1940年代後半から1950年前半の時期は芸術家、俳優、キャバレー役者、レポーター、作家、そして自動車セールスマンと、職業を転々とした。1957年から62年にかけては、"Flug Revue"誌のジャーナリスト、編集長を務めている。その後はハインケル社の広報部長（62年〜64年）をはじめ、メッサーシュミット社（65年〜69年）、エアバス社（69年〜71年）と各社の広報畑を渡り歩いた。1991年10月、ドイツのイスニーで死去した。

付録4

| Me163<br>(機体番号) | 製造番号 | 識別<br>コード | 追加<br>マーキング | 日時<br>(Y.M.D) | 飛行場 | 部隊 | パイロット | 離陸方法 | 追記 |
|---|---|---|---|---|---|---|---|---|---|
| I./JG 400 | | | | | | | | | |
| BV29 | 16310038 | GH+IH | - | 44.05.16 | ヴィトムントハーフェン | 1./JG 400 | フォイ（クレム社） | 曳航滑空 | 同日に4度飛行 |
| | | GH+IH | - | 44.05.18 | ヴィトムントハーフェン | 1./JG 400 | フォイ（クレム社） | 曳航滑空 | 同日に2度飛行 |
| | | GH+IH | - | 44.05.22 | ヴィトムントハーフェン | 1./JG 400 | フォイ（クレム社） | 自走 | |
| | | GH+IH | - | 44.06.11 | ヴィトムントハーフェン→レヒリン→ラーツ | 1./JG 400 | シーベラー | 曳航滑空 | 移動 |
| | | GH+IH | - | 44.06.12-13 | レヒリン→ラーツ | 1./JG 400 | オピッツ、ルドルフ | 自走 | 航空省のデモ飛行（ゲーリング、ミルヒ、日伊の駐在武官）。BV54および不明機とともに同時離陸を実施。単独飛行はオピッツ；着陸時に機体損傷；オピッツ負傷；シーベラーが救助 |
| BV31 | 16310040 | GH+IJ | - | 44.08.19 | ブランディス | ?./JG 400 | オピッツ、ラインハルト | 曳航滑空 | |
| | | GH+IJ | - | 44.08.20 | ブランディス | ?./JG 400 | オピッツ、ラインハルト | 曳航滑空 | |
| | | GH+IJ | - | 44.08.22 | ブランディス | ?./JG 400 | オピッツ、ラインハルト | 曳航滑空 | 同日に2度飛行 |
| | | GH+IJ | - | 44.10.02 | ブランディス | ?./JG 400 | クルーチュ | 曳航滑空 | |
| BV43 | 16310052 | PK+QN | - | 44.04.18 | ヴィトムントハーフェン | 1./JG 400 | フォイ（クレム社） | 曳航滑空 | |
| | | PK+QN | - | 44.04.19 | ヴィトムントハーフェン | 1./JG 400 | フォイ（クレム社） | 自走 | |
| | | PK+QN | - | 44.04.29 | ヴィトムントハーフェン | 1./JG 400 | フォイ（クレム社） | 曳航滑空 | |
| | | PK+QN | - | 44.05.04 | ヴィトムントハーフェン | 1./JG 400 | フォイ（クレム社） | 曳航滑空 | |
| | | PK+QN | - | 44.05.10 | ヴィトムントハーフェン | 1./JG 400 | フォイ（クレム社） | 曳航滑空 | |
| | | PK+QN | - | 44.05.12 | ヴィトムントハーフェン | 1./JG 400 | フォイ（クレム社） | 曳航滑空 | |
| | | PK+QN | - | 44.05.13 | ヴィトムントハーフェン | 1./JG 400 | フォイ（クレム社） | 自走 | |
| | | PK+QN | - | 44.05.22 | ヴィトムントハーフェン | 1./JG 400 | ツインマーマン | 曳航滑空 | |
| BV44 | 16310053 | PK+QO | - | 44.06.19 | ヴィトムントハーフェン | 1./JG 400 | シーベラー | 自走 | |
| | | PK+QO | - | 44.06.29 | ヴィトムントハーフェン | 1./JG 400 | シーベラー | 自走 | |
| BV46 | 16310055 | PK+QQ | - | 44.05.19 | ヴィトムントハーフェン | 1./JG 400 | フォイ（クレム社） | 曳航滑空、自走 | 同日に4度飛行（1,3～4曳航、2自走） |
| | | PK+QQ | - | 44.05.22 | ヴィトムントハーフェン | 1./JG 400 | フォイ（クレム社） | 自走 | |
| BV48 | 16310057 | PK+QS | - | 44.05.24 | ヴィトムントハーフェン | 1./JG 400 | フォイ（クレム社） | 曳航滑空、自走 | 同日に3度飛行（1,3曳航、2自走） |
| | | PK+QS | - | 44.06.19 | ヴィトムントハーフェン | 1./JG 400 | シーベラー | 自走 | |
| | | PK+QS | - | 44.07.?? | ヴィトムントハーフェン→ブランディス | 1./JG 400 | | | 移動 |
| | | PK+QS | - | 44.08.14 | ブランディス | 1./JG 400 | シーベラー | 自走 | 出動 |
| | | PK+QS | - | 44.10.11 | ブランディス | 1./JG 400 | ボット | 自走 | 出動；機体破壊；負傷 |
| BV49 | 16310058 | PK+QT | - | 44.09.28 | ブランディス | 1./JG 400 | レースレ | 自走 | 出動；機体60%破壊；重傷 |
| BV50 | 16310059 | PK+QU | - | 44.05.12 | ヴィトムントハーフェン | 1./JG 400 | フォイ（クレム社） | 曳航滑空 | 同日に2度飛行 |
| | | PK+QU | - | 44.05.13 | ヴィトムントハーフェン | 1./JG 400 | フォイ（クレム社） | 曳航後ロケット | |
| | | PK+QU | - | 44.05.15 | ヴィトムントハーフェン | 1./JG 400 | フォイ（クレム社） | 曳航滑空 | |
| | | PK+QU | - | 44.05.18 | ヴィトムントハーフェン | 1./JG 400 | フォイ（クレム社） | 曳航滑空 | |
| | | PK+QU | - | 44.07.19 | ヴィトムントハーフェン | 1./JG 400 | シーベラー | 自走 | 出動；失敗（P-38） |
| BV52 | 16310061 | GH+IU | - | 44.05.11 | ヴィトムントハーフェン | 1./JG 400 | フォイ（クレム社） | 曳航滑空 | |
| | | GH+IU | - | 44.06.11 | ヴィトムントハーフェン | 1./JG 400 | ツインマーマン | 自走 | |
| | | GH+IU | - | 44.06.18 | ヴィトムントハーフェン | 1./JG 400 | ツインマーマン | 自走 | |
| | | GH+IU | - | 44.07.?? | ヴィトムントハーフェン→ブランディス | 1./JG 400 | | | 移動 |
| | | GH+IU | Y1 | 44.10.?? | ブランディス→シュテッティン→アルトダム | 7./JG 400 | | | 移動：詳細はII./JG400の記事 |
| BV54 | 16310063 | GH+IW | - | 44.05.18 | ヴィトムントハーフェン | 1./JG 400 | フォイ（クレム社） | 曳航滑空 | |
| | | GH+IW | - | 44.06.13 | ヴィトムントハーフェン→レヒリン→ラーツ | 1./JG 400 | ツインマーマン | 曳航滑空 | 移動 |
| | | GH+IW | - | 44.06.13 | レヒリン→ラーツ | 1./JG 400 | ランガー | 自走 | 航空省のデモ飛行（ゲーリング、ミルヒ、日伊の駐在武官）。BV29および不明機とともに同時離陸を実施。 |
| | | GH+IW | - | 44.06.14 | レヒリン→ラーツ→ヴィトムントハーフェン | 1./JG 400 | ツインマーマン | 曳航滑空 | 移動 |
| | | GH+IW | - | 44.16.17 | ヴィトムントハーフェン | 1./JG 400 | シーベラー | 自走 | |
| | | GH+IW | - | 44.06.28 | ヴィトムントハーフェン | 1./JG 400 | ツインマーマン | 自走 | |
| BV55 | 16310064 | GH+IX | - | 44.05.09 | ヴィトムントハーフェン | 1./JG 400 | フォイ（クレム社） | 曳航滑空 | |
| | | GH+IX | - | 44.05.10 | ヴィトムントハーフェン | 1./JG 400 | フォイ（クレム社） | 曳航滑空 | 同日3度飛行 |
| | | GH+IX | - | 44.05.15 | ヴィトムントハーフェン | 1./JG 400 | フォイ（クレム社） | 曳航滑空 | |
| | | GH+IX | - | 44.05.19 | ヴィトムントハーフェン | 1./JG 400 | シーベラー | 曳航滑空 | 同日2度飛行 |
| | | GH+IX | - | 44.05.19 | ヴィトムントハーフェン | 1./JG 400 | ツインマーマン | 曳航滑空 | |
| | | GH+IX | - | 44.07.07 | ヴィトムントハーフェン | 1./JG 400 | シーベラー | 自走 | 同日2度出撃；失敗；P-51；P-38 |
| | | GH+IX | - | 44.07.16 | ヴィトムントハーフェン | 1./JG 400 | シーベラー | 自走 | |

| Me163<br>(機体番号) | 製造番号 | 識別<br>コード | 追加<br>マーキング | 日時<br>(Y.M.D) | 飛行場 | 部隊 | パイロット | 離陸方法 | 追記 |
|---|---|---|---|---|---|---|---|---|---|
| | | GH+IX | - | 44.07.20 | ヴィトムントハーフェン→<br>ブランディス | 1./JG 400 | シーベラー | 曳航滑空 | 移動 |
| BV56 | 16310065 | GH+IY | - | 44.05.12 | ヴィトムントハーフェン | 1./JG 400 | フォイ（クレム社） | 曳航滑空 | |
| | | GH+IY | - | 44.05.16 | ヴィトムントハーフェン | 1./JG 400 | フォイ（クレム社） | 曳航滑空 | |
| | | GH+IY | - | 44.05.19 | ヴィトムントハーフェン | 1./JG 400 | フォイ（クレム社） | 自走 | 同日2度飛行 |
| | | GH+IY | - | 44.05.20 | ヴィトムントハーフェン | 1./JG 400 | フォイ（クレム社） | 自走 | 同日2度飛行 |
| | | GH+IY | - | 44.06.19 | ヴィトムントハーフェン | 1./JG 400 | ツィンマーマン | 自走 | |
| BV57 | 16310066 | GH+IZ | - | 44.05.13 | ヴィトムントハーフェン | 1./JG 400 | フォイ（クレム社） | 曳航後ロケット | |
| | | GH+IZ | - | 44.05.28 | ヴィトムントハーフェン | 1./JG 400 | ベーナー | 自走 | 15%損傷；負傷 |
| BV59 | 16310068 | GN+MB | - | 44.05.23 | ヴィトムントハーフェン | 1./JG 400 | フォイ（クレム社） | 曳航滑空 | |
| | | GN+MB | - | 44.05.24 | ヴィトムントハーフェン | 1./JG 400 | フォイ（クレム社） | 曳航滑空 | 同日に5度飛行 |
| | | GN+MB | - | 44.05.26 | ヴィトムントハーフェン | 1./JG 400 | フォイ（クレム社） | 曳航滑空、自走 | 同日2度飛行（1曳航、2自走） |
| | | GN+MB | - | 44.07.06 | ヴィトムントハーフェン | 1./JG 400 | ツィンマーマン | 自走 | 出動 |
| BV61 | 16310070 | GN+MD | - | 44.10.07 | ブランディス | 1./JG 400 | S.シューベルト | 自走 | 2度出動：2度目の離陸で損傷；死亡 |
| B | 440001 | BQ+UD | - | 44.05.26 | ヴィトムントハーフェン | 1./JG 400 | フォイ（クレム社） | 曳航 | |
| B | 440003 | BQ+UF | - | 44.11.02 | ブランディス | 1./JG 400 | ボーレンラース | 自走 | 出動：撃墜：死亡 |
| B | 440006 | BQ+UI | - | 45.02.20 | ブランディス | ?/JG 400 | | 自走 | 損傷30% |
| B | 440007 | BQ+UJ | - | 44.11.02 | ブランディス | 2./JG 400 | ローリー | 自走 | 出動：撃墜：死亡 |
| B | 440009 | BQ+UL | - | 44.07.26 | フェンロー | 2./JG 400 | ローリー | | 着地失敗：損傷25% |
| B | 440013 | BQ+UP | - | 44.10.07 | ブランディス | 2./JG 400 | アイゼンマン | 自走 | 出動：撃墜：死亡 |
| B | 440015 | BQ+UR | ? | 45.02.09 | ブランディス | ?/JG 400 | ツィールスドルフ | | 損傷90%：負傷 |
| B | 440018 | BQ+UU | - | 44.05.25 | ヴィトムントハーフェン | 1./JG 400 | フォイ（クレム社） | 自走 | 同日2度飛行 |
| B | 440020 | BQ+UW | - | 44.05.26 | ヴィトムントハーフェン | 1./JG 400 | フォイ（クレム社） | 曳航滑空、自走 | 同日2度飛行（1曳航、2自走） |
| B | 440165 | ? | ? | 44.10.07 | ブランディス | 2./JG 400 | フッサー | 自走 | 出動：損傷65%：重傷 |
| B | 440172 | ? | ? | 44.11.19 | | 1./JG 400 | ミューラー | | 損傷50%：負傷 |
| B | ? | ? | 白の1 | 44.08.24 | ブランディス | 1./JG 400 | シーベラー | 自走 | 出動：失敗（B-17） |
| B | 440184 | DS+VV | 白の2 | 44.09.11 | ブランディス | 1./JG 400 | シーベラー | 自走 | 出動：成功（B-17） |
| | | DS+VV | 白の2 | 44.09.20 | ブランディス | 1./JG 400 | ツィンマーマン | 自走 | |
| B | | DS+VV | 白の2 | 45.02.10 | ブランディス | 1./JG 400 | モール | 自走 | 損傷：死亡 |
| B | ? | ? | 白の3 | 44.08.24 | ブランディス | 1./JG 400 | ツィンマーマン | 自走 | 出動：中止：地上破壊 |
| B | ? | ? | 白の3 | 44.09.15 | ブランディス | 1./JG 400 | ツィンマーマン | 自走 | |
| | | | 白の3 | 44.10.07 | ブランディス | 1./JG 400 | シーベラー | | 出動：成功（B-17） |
| | | | 白の3 | 44.11.20 | ブランディス | 1./JG 400 | シーベラー | | 出動：失敗（B-17/P-51） |
| B | ? | ? | 白の4 | 44.08.07 | ブランディス | 1./JG 400 | シーベラー | 自走 | 出動：失敗（モスキート） |
| | | | 白の4 | 44.11.21 | ブランディス | 1./JG 400 | ツィンマーマン | 自走? | |
| | | | 白の4 | 44.11.24 | ブランディス | 1./JG 400 | シーベラー | 自走 | |
| | | | 白の4 | 45.02.16 | ブランディス | 1./JG 400 | シーベラー | 自走 | |
| | | | 白の4 | 45.03.?? | ブランディス | 1./JG 400 | シーベラー | 自走 | 出動 |
| B | ? | ? | 白の5 | 44.11.22 | ブランディス | 1./JG 400 | フレーメルト | 自走 | |
| B | | | 白の6 | | | | | | 不明 |
| BV62 | 16310071 | ? | 白の7 | 44.09.28 | ブランディス | 1./JG 400 | ツィンマーマン | 自走 | |
| | | ? | 白の7 | 44.10.07 | ブランディス | 1./JG 400 | ツィンマーマン | 自走 | |
| | | ? | 白の7 | 44.11.22 | ブランディス | 1./JG 400 | シーベラー | 自走 | |
| | | ? | 白の7 | 44.11.27 | ブランディス | 1./JG 400 | クルーチュ | 自走 | |
| B | 440186 | TP+TN | 白の8 | 44.11.02 | ブランディス | 1./JG 400 | ストラツニキ | 自走 | |
| BV53 | 16310062 | GH+IV | 白の9 | 44.08.04 | ブランディス | 1./JG 400 | シーベラー | 自走 | |
| B | 190598 | | 白の10 | 45.02.20 | ブランディス | 1./JG 400 | レッシャー | 自走 | |
| | ? | ? | 白の10 | 45.02.22 | ブランディス | 1./JG 400 | レッシャー | 自走 | |
| B | ? | ? | 白の11 | 44.12.17 | ブランディス | 1./JG 400 | シーベラー | 曳航滑空 | |
| | | | 白の11 | 45.01.07 | ブランディス | 1./JG 400 | シーベラー | 曳航滑空 | |
| B | ? | ? | 白の12 | 44.10.12 | ブランディス | 1./JG 400 | フレーメルト | 自走 | |
| B | ? | ? | 白の13 | | | | | | 詳細不明 |
| B | ? | ? | 白の14 | ? | ヴィトムントハーフェン | 1./JG 400 | ? | | ヴィトムントハーフェンの"白の14"はブランディスで撮影されたのと異なるカモフラージュ、マーキングになっている。 |
| | ? | ? | 白の14 | ? | ブランディス | 1./JG 400 | ? | | |
| B | ? | ? | 白の15 | 45.01.05 | ブランディス | 1./JG 400 | シーベラー | 曳航滑空 | |
| | | ? | 白の15 | 45.01.10 | ブランディス | 1./JG 400 | シーベラー | 曳航滑空 | |
| B | ? | ? | 白の16 | 45.02.18 | ブランディス | 1./JG 400 | レッシャー | 自走 | |
| | | | 白の16 | 45.02.19 | ブランディス | 1./JG 400 | レッシャー | 自走 | |
| B | ? | ? | 白の17 | | | | | | 詳細不明 |
| B | ? | ? | 白の18 | 44.12.08 | ブランディス | 1./JG 400 | シーベラー | 自走 | |
| B | ? | ? | 白の19/20 | | | | | | 詳細不明 |
| B | ? | ? | 白の21 | 45.03.?? | ブランディス | 1./JG 400 | シーベラー | 自走 | 出動 |

| Me163<br>(機体番号) | 製造番号 | 識別<br>コード | 追加<br>マーキング | 日時<br>(Y.M.D) | 飛行場 | 部隊 | パイロット | 離陸方法 | 追記 |
|---|---|---|---|---|---|---|---|---|---|
| | | | 白の21 | 45.03.19 | ブランディス | 1./JG 400 | レッシャー | 自走 | 出動 |
| B-0/R2 | 191111 | SC+VJ | 白の22 | 45.02.11 | ブランディス | 1./JG 400 | シェーラー | 自走 | 損傷15%：負傷 |
| B | 440016 | BQ+US | 黒の12 | 44.09.28 | ブランディス | ?./JG 400 | オピッツ、ラインハルト | 自走 | IV./EJG2の記事を参照 |
| B | ? | ? | 赤の6 | 45.01.05 | ブランディス | 1./JG 400 | クルーチュ | 曳航滑空 | |
| B | ? | ? | 赤の13 | 44.11.24 | ブランディス | 1./JG 400 | フレーメルト | | |
| B | ? | ? | 赤の26 | ? | ブランディス | 1./JG 400 | メンテニッヒ | 自走 | 離陸時に損傷：脱出 |
| B | ? | ? | 緑の3 | 44.10.16 | ブランディス | 1./JG 400 | クルーチュ | 自走 | |
| B | ? | ? | 緑の4 | 44.11.22 | ブランディス | 1./JG 400 | フレーメルト | 自走 | |
| BV? | 163100?? | ? | ? | 44.08.16 | ブランディス | 1./JG 400 | リル | | 出動：バート・ロイシック上空で撃墜：死亡 |
| II./JG 400 | | | | | | | | | |
| BV52 | 16310061 | GH+IU | 黄の1 | 44.10.?? | ブランディス→シュテッティン→アルトダム | 7./JG 400 | | 自走 | 移動：I./JG 400参照 |
| | | | 黄の1 | 45.02.?? | シュテッティン→アルトダム→ザルツヴェーベル | 7./JG 400 | | | 移動 |
| | | | 黄の1 | 45.02.?? | ザルツヴェーベル→ノルトホルツ | 7./JG 400 | | | 移動 |
| | | | 黄の1 | 45.04.10 | ノルトホルツ | 7./JG 400 | オピッツ、ラインハルト | | |
| | | | 黄の1 | 45.04.12 | ノルトホルツ→フースム | 7./JG 400 | オピッツ、ラインハルト | 自走 | 移動 |
| | | | 黄の1 | 45.04.19 | フースム | 7./JG 400 | オピッツ、ラインハルト | 自走 | オピッツの航空日誌の最後の機体 |
| | | | 黄の1 | 45.05.08 | フースム | 7./JG 400 | - | | 46.03 イギリス→フランス空軍 |
| B | ? | ? | 黄の2-5 | | | | | | 詳細不明 |
| B | 191316 | ? | 黄の6 | 45.05.08 | フースム | ?./JG 400 | - | - | |
| B | ? | ? | 黄の7 | 45.03.13 | ノルトホルツ | 7./JG 400 | オピッツ、ラインハルト | 自走 | |
| | | | 黄の7 | 45.04.06 | ノルトホルツ | 7./JG 400 | フレーメルト | 自走 | |
| | | | 黄の7 | 45.04.?? | ノルトホルツ→フースム | 7./JG 400 | - | | 移動 |
| | | | 黄の7 | 45.04.27 | ノルトホルツ | 7./JG 400 | フレーメルト | 自走 | |
| B | ? | ? | 黄の8 | 44.11.29 | シュターガルト | 7./JG 400 | オピッツ、ラインハルト | 曳航滑走 | |
| B | ? | ? | 黄の9 | | | 7./JG 400 | | | 詳細不明 |
| B | ? | ? | 黄の10 | 45.04.05 | ノルトホルツ | 7./JG 400 | オピッツ、ラインハルト | 自走 | |
| | | | 黄の10 | 45.04.06 | ノルトホルツ | 7./JG 400 | ? | ? | フレーメルト大尉操縦のBf110（D5+VZ）で曳航 |
| | | ? | 黄の10 | 45.04.10 | ノルトホルツ | 7./JG 400 | フレーメルト | 自走 | |
| B | 191454 | ? | 黄の11 | 45.05.08 | フースム | ?./JG 400 | | | |
| B | ? | ? | 黄の12 | | | | | | 詳細不明 |
| B | ? | ? | 黄の13 | 45.05.08 | フースム | ?./JG 400 | - | | RAFが鹵獲 |
| | | | 黄の13 | ? | フースム→ファーンボロ | AM | - | | ファーンボロRAEに輸送 |
| | | | AM203 | 46.03.10 | ファーンボロ→ディエップ | AM | - | | フランスAAに移動 |
| B | ? | ? | 黄の14 | | | | | | 詳細不明 |
| B-1a | 191659 | ? | 黄の15 | 45.05.08 | フースム | ?./JG 400 | | | |
| B | ? | ? | 黄の16-24 | | | | | | 詳細不明 |
| B | 191914 | ? | ? | 45.05.08 | フースム | 6./JG 400 | - | | |
| B-1a | 191917 | ? | 黄の25 | 45.05.08 | フースム | ?./JG 400 | - | | |
| B | ? | ? | 黄の26 | 45.05.08 | フースム | 6./JG 400 | - | | |
| B | ? | ? | 黒の2 | 45.01.13 | シュターガルト | 7./JG 400 | オピッツ、ラインハルト | 自走 | |
| | | | 黒の2 | 45.01.15 | シュテッティン | 7./JG 400 | オピッツ、ラインハルト | 自走 | |
| | | | 黒の2 | 45.02.19 | ザルツヴェーベル | 7./JG 400 | オピッツ、ラインハルト | 自走 | |
| B | ? | ? | 赤の8 | 44.12.25 | シュターガルト | ?./JG 400 | ? | ? | フレーメルト大尉操縦のBf110（白の8）で曳航 |
| Erg.St./JG 400 | | | | | | | | | |
| AV10 | 1630000007 | CD+IO | - | 44.08.03 | ブランディス | Erg.St./JG 400 | フレーメルト | 自走 | |
| | | CD+IO | - | 44.08.09 | ブランディス | Erg.St./JG 400 | クルーチュ | 自走 | |
| AV11 | 1630000008 | CD+IP | - | 44.08.08 | ブランディス | Erg.St./JG 400 | クルーチュ | 自走 | |
| AV13 | 1630000010 | CD+IR | - | 44.08.03 | ブランディス | Erg.St./JG 400 | クルーチュ | 曳航滑空 | |
| BV1 | 16310010 | KE+SX | - | 44.07.25 | ブランディス | Erg.St./JG 400 | クルーチュ | 曳航滑空 | |
| | | KE+SX | - | 44.07.28 | ブランディス | Erg.St./JG 400 | クルーチュ | 曳航滑空 | |
| | | KE+SX | - | 44.07.31 | ブランディス | Erg.St./JG 400 | クルーチュ | 曳航滑空 | |

| Me163 (機体番号) | 製造番号 | 識別コード | 追加マーキング | 日時 (Y.M.D) | 飛行場 | 部隊 | パイロット | 離陸方法 | 追記 |
|---|---|---|---|---|---|---|---|---|---|
| | | KE+SX | - | 44.08.05 | ブランディス | Erg.St./JG 400 | クルーチュ | 曳航滑空 | |
| | | KE+SX | - | 44.08.10 | ブランディス | Erg.St./JG 400 | クルーチュ | 曳航滑空 | 同日2度飛行 |
| | | KE+SX | - | 44.08.14 | ブランディス | Erg.St./JG 400 | クルーチュ | 曳航滑空 | |
| | | KE+SX | - | 45.04.?? | エスペルシュテット? | | | | 米軍が鹵獲：アメリカに移送 |
| BV4 | 16310013 | VD+EN | - | 44.07.31 | ブランディス | Erg.St./JG 400 | クルーチュ | 曳航滑空 | |
| | | VD+EN | - | 44.08.12 | ブランディス | Erg.St./JG 400 | クルーチュ | 曳航滑空 | |
| | | VD+EN | - | 44.08.14 | ブランディス | Erg.St./JG 400 | オピッツ、ラインハルト | 曳航滑空 | |
| | | VD+EN | - | 44.08.15 | ブランディス | Erg.St./JG 400 | オピッツ、ラインハルト | 曳航滑空 | 同日2度飛行 |
| | | VD+EN | - | 44.08.17 | ブランディス | Erg.St./JG 400 | オピッツ、ラインハルト | 曳航滑空 | |
| | | VD+EN | - | 44.09.10 | ブランディス | Erg.St./JG 400 | ハオシュ | 曳航滑空 | |
| | | VD+EN | - | 44.09.11 | ブランディス | Erg.St./JG 400 | ハオシュ | 曳航滑空 | |
| | | VD+EN | - | 44.10.03 | ブランディス | Erg.St./JG 400 | パンシェルツ（Ju） | 曳航滑空 | 同日3度飛行 |
| | | VD+EN | - | 44.10.04 | ブランディス | Erg.St./JG 400 | パンシェルツ（Ju） | 曳航滑空 | |
| | | VD+EN | - | 44.10.07 | ブランディス | Erg.St./JG 400 | パンシェルツ（Ju） | 曳航滑空 | 同日2度飛行 |
| | | VD+EN | - | 44.10.11 | ブランディス | Erg.St./JG 400 | クーン | 曳航滑空 | |
| BV8 | 16310017 | VD+ER | - | 44.08.14 | ブランディス | Erg.St./JG 400 | オピッツ、ラインハルト | 曳航滑空 | |
| | | VD+ER | - | 44.08.17 | ブランディス | Erg.St./JG 400 | オピッツ、ラインハルト | 曳航滑空 | |
| | | VD+ER | - | 44.09.09 | ブランディス | Erg.St./JG 400 | ホイシュ | 曳航滑空 | |
| | | VD+ER | - | 44.09.10 | ブランディス | Erg.St./JG 400 | ホイシュ | 曳航滑空 | |
| | | VD+ER | - | 44.09.11 | ブランディス | Erg.St./JG 400 | ホイシュ | 曳航滑空 | |
| | | VD+ER | - | 44.09.12 | ブランディス | Erg.St./JG 400 | ホイシュ | 曳航滑空 | |
| | | VD+ER | - | 44.10.12 | ブランディス | Erg.St./JG 400 | クーン | 曳航滑空 | 同日2度飛行 |
| IV./EJG 2 | | | | | | | | | |
| B | ? | ? | 2 | 44.11.12 | ウーデットフェルト | 14./EJG 2 | レッシャー | 曳航滑空 | |
| | | ? | 2 | 44.12.05 | ウーデットフェルト | 14./EJG 2 | ホイシュ | 曳航滑空 | |
| B | ? | ? | 3 | 44.11.05 | ウーデットフェルト | 14./EJG 2 | ホイシュ | 曳航滑空 | |
| B | ? | ? | 6 | 44.12.05 | ウーデットフェルト | 14./EJG 2 | ホイシュ | 曳航滑空 | |
| B | ? | ? | 7 | 44.11.06 | ウーデットフェルト | 14./EJG 2 | レッシャー | 曳航滑空 | |
| | | ? | 7 | 44.11.12 | ウーデットフェルト | 14./EJG 2 | レッシャー | 曳航滑空 | |
| | | ? | 7 | 44.11.13 | ウーデットフェルト | 14./EJG 2 | レッシャー | 曳航滑空 | |
| | | ? | 7 | 44.11.14 | ウーデットフェルト | 14./EJG 2 | ホイシュ | 曳航滑空 | |
| | | ? | 7 | 44.11.25 | ウーデットフェルト | 14./EJG 2 | ホイシュ | 曳航滑空 | |
| | | ? | 7 | 44.12.07 | ウーデットフェルト | 14./EJG 2 | ホイシュ | 曳航滑空 | |
| | | ? | 7 | 44.12.08 | ウーデットフェルト | 14./EJG 2 | ホイシュ | 曳航滑空 | |
| B | ? | ? | 9 | 44.11.05 | ウーデットフェルト | 14./EJG 2 | ホイシュ | 曳航滑空 | |
| | ? | ? | 9 | 45.01.17 | シュプロッタウ | 14./EJG 2 | レッシャー | 曳航滑空 | |
| B | 440016 | BQ+US | 黒の12 | 44.12.17 | ウーデットフェルト | 13./EJG 2 | ギースル | 自走 | チェンストホヴァ（ポーランド）東部で撃墜：死亡：I./JG 400参照 |
| B | 191110 | SC+VI | ? | 44.12.10 | シュプロッタウ | 14./EJG 2 | レッシャー | 曳航滑空 | |
| | | SC+VI | ? | 44.12.23 | シュプロッタウ | 14./EJG 2 | レッシャー | 曳航滑空 | |
| | | SC+VI | ? | 44.12.23 | シュプロッタウ | 14./EJG 2 | ユング | 曳航滑空 | |
| | | SC+VI | ? | 44.12.28 | シュプロッタウ | 14./EJG 2 | レッシャー | 曳航滑空 | |
| B | 191121 | SC+VT | ? | 44.12.13 | シュプロッタウ | 14./EJG 2 | レッシャー | 曳航滑空 | |
| | | SC+VT | ? | 44.12.17 | シュプロッタウ | 14./EJG 2 | ユング | 曳航滑空 | |
| B | 191320 | ? | ? | 44.12.17 | シュプロッタウ | 14./EJG 2 | レッシャー | 曳航滑空 | |
| | | ? | ? | 44.12.23 | シュプロッタウ | 14./EJG 2 | ユング | 曳航滑空 | |
| B | ? | ? | 白の42 | 45.04.?? | エスペルシュテット? | ??./EJG 2 | | | 米軍が鹵獲：アメリカに移送 |
| B | ? | ? | 白の51 | 45.01.14 | シュプロッタウ | 14./EJG 2 | ユング | 曳航滑空 | |

| Me163<br>(機体番号) | 製造番号 | 識別<br>コード | 追加<br>マーキング | 日時<br>(Y.M.D) | 飛行場 | 部隊 | パイロット | 離陸方法 | 追記 |
|---|---|---|---|---|---|---|---|---|---|
|  |  | ? | 白の51 | 45.01.15 | シュプロッタウ | 14./EJG 2 | ユング | 曳航滑空 | 同日2度飛行 |
| B | ? | ? | 白の52 |  |  |  |  |  | 詳細不明 |
|  |  | ? | 白の53 | 45.01.15 | シュプロッタウ | 14./EJG 2 | レッシャー | 曳航滑空 |  |
|  |  | ? | 白の53 | 45.01.17 | シュプロッタウ | 14./EJG 2 | レッシャー | 曳航滑空 |  |
| B | ? | ? | 白の54 | 45.04.?? | エスペルシュテット？ |  |  |  | 米軍が鹵獲：アメリカに移送：尾翼はMe163 FE495の修理に流用 |
| B | ? | ? | 白の55 | 45.01.15 | シュプロッタウ | 14./EJG 2 | レッシャー | 曳航滑空 |  |
|  |  | ? | 白の55 | 45.01.20 | シュプロッタウ | 14./EJG 2 | レッシャー | 曳航滑空 |  |
| B | ? | ? | 白の56 |  |  |  |  |  | 詳細不明 |
| B | ? | ? | 白の57 | 45.01.20 | シュプロッタウ | 14./EJG 2 | レッシャー | 曳航滑空 |  |
| B | ? | ? | 白の58 | 45.01.20 | シュプロッタウ | 14./EJG 2 | レッシャー | 自走 |  |
| B | ? | ? | 白の59 | 45.01.04 | ウーデットフェルト | 14./EJG 2 | ホイシュ | 曳航滑空 |  |
| B | 191301 | ? | - | 45.04.?? | エスペルシュテット？ |  |  |  | カール・フォイ（クレム社）が44.12.03に試験飛行：米軍が鹵獲：アメリカに移送：46.05 T-2-500/FE500として飛行 |
| B | 191302 | ? | ? | 44.12.12 | シュプロッタウ | 14./EJG 2 | レッシャー | 曳航滑空 |  |
|  |  | ? | ? | 44.12.22 | シュプロッタウ | 14./EJG 2 | ユング | 曳航滑空 |  |
| B | 191320 | ? | ? | 44.12.17 | シュプロッタウ | 14./EJG 2 | レッシャー | 曳航滑空 |  |
|  |  | ? | ? | 44.12.23 | シュプロッタウ | 14./EJG 2 | ユング | 曳航滑空 |  |

## 付録5
## Me163の武装解説

### ■MG151/20機関砲

【イラスト：MG151/20の装着位置】

Me163の基本武装は翼内の付け根に近い部分に搭載された2挺のMG151/20機関砲である。最初の地上試験および飛行中の実装試験は1942年10月から11月にかけて、Me163B V2 Wk-Nr.16310011（VD+EL）を使って行なわれた。場所はレヒフェルト、試験を行なったのはメッサーシュミット社のスタッフであり、EKdo16に引き渡されて、より実戦に近い条件で試験される前にデータをとったのである。MG151/20機関砲は、Me163Bシリーズのうち BV44までの機体の基本武装であり、BV6、BV10、BV16だけが例外だった。公式文書によれば、BV46以降の機体はMK108機関砲が搭載されることになっている。ちなみにBV45はこの命令からは除外されたが、MK108機関砲を搭載して完成した。1942年12月、バート・ツヴィシェナーンのEKdo16は、さらに翼下懸架ポッドにMG151/20を2挺追加した武装強化試験を行なっている。しかし結果は思わしくなく、この追加武装は役に立たないことが判明して、打ち切りとなっている。

MG151/20機関砲諸元
口径：20mm
発射速度：分速720発
砲口初速：秒速695～785m（弾丸の種類による）
製造：マウザー AG
Me163の弾薬積載量：1挺あたり80発

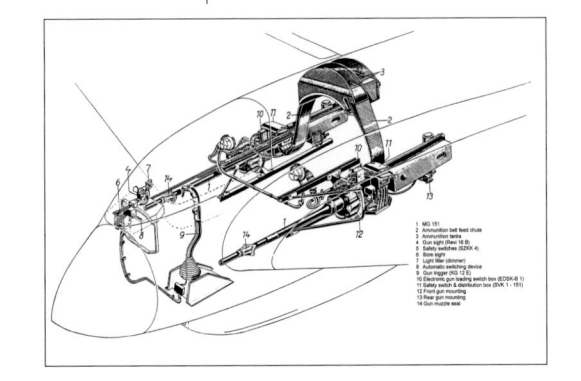

■**MK108機関砲**

【イラスト：MK108の装着位置】

Me163BへのMK108機関砲装着試験は、1944年4月にバート・ツヴィシェナーンのEKdo16、ヴィトムントハーフェンの1./JG400、それぞれの部隊で行われた。使用機体はMe163BV16 Wk-Nr.16310025である（この機体は1944年4月21日に着陸事故で大破し、パイロットを務めた当時1./JG400の飛行中隊長ロベルト・オレイニク大尉は重傷を負った）。BV45以降の生産機はすべてMK108機関砲を搭載している。MG151/20機関砲を装備した機体との互換性は無かった。

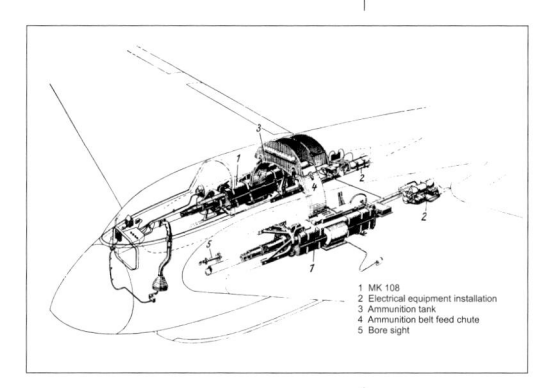

MK108機関砲諸元
口径：30mm
発射速度：分速600発
砲口初速：秒速525m（弾丸の種類による）
製造：ラインメタル-ボルジッヒ社
Me163の弾薬積載量：1挺あたり60発

1 MK 108
2 Electrical equipment installation
3 Ammunition tank
4 Ammunition belt feed chute
5 Bore sight

■**SG500　イェーガーファウスト**

　SG500イェーガーファウストは、施条バレルから上方垂直方向に発射する無反動兵器である。発射時にはバレルが発射体の反動を受け止め、カウンターバランスとして下方に吹き飛ぶ仕組みになっている。飛行中のバレルはシャーピンで留められていて、発射時の反動で壊れて外れるようになっている。この武器は、敵機の真下100〜150mに潜り込んだ際にさしかかる敵影を光電池を応用した受光器が感知して、発射タイミングを計るようになっていた。翼の前縁から後縁にかけて5本のバレルを装着することが推奨されていたが、Me163の実機で試したところ、片方の主翼につき4本ないし5本が適切であると結論された。

　ヴォルフガング・シュペーテによれば、イェーガーファウストはグスタフ・コルフ中尉が──書類整理番号68b 22 Nr.11019/44──という極秘（FVD）文書を元に考案、特許申請した兵器であり、1944年秋にヒューゴー・シュナイダー社によって32セットがブランディスに納入されたと言われている。

　1944年11月、BV45がこの新兵器"イェーガーファウスト"を装備して、2度の試験飛行を実施した。結果、この武器を追加装備しても、離着陸時を含めて、飛行性能には悪影響が出ないことが明らかになった。また、2度の試験はともにアウグスト・ハフテル中尉によって行なわれ、正常作動が確認できた。発射体には2cm弾を使用している。

　一方、光電池式受光器の導入は困難であることが判明し、これが正しく作動するかどうか、さらに試験が必要と判断された。受光器の設置位置はモラン式無線アンテナの前、武装ベイの近くとされた。

　Me163用推進剤が不足していたこともあり、主に受光器の精度につい

てはFw190を用いた試験が12月になっても続けられていた。駐機状態のMe163の上空をFw190が飛行し、20mほど離れて置かれていたイェーガーファウストのバレル作動を確認するという方法である。

　次いで、この武器が飛行中に作動するか確認するために、まず約25mの長さのポールを2本用意して、ブランディス飛行場の滑走路末端に立て、ポールの先端どうしを長さ40m、幅1mのシートでつないだ。Fw190のパイロットは、ポールの間、シートの下をくぐって飛ぶように求められた。熟練パイロットであればこの程度の飛行は難しいものでも何でもない。まず予行演習はうまくいった。テストはパイロットが自分で安全装置を解除するという中身で、実弾を用いて行われた。口径5cmのイェーガーファウストが順調に作動し、反動で吹き飛んだ6本のバレルは激しく地面を叩くと、機体と同じ高さまで跳ね上がった。Fw190を使った試験は、パイロットに危険が及ぶと判断されて、以降は行なわれなかった。

　12月24日、ハフテル中尉はMe163BV45を使って同じ試験に臨んだ。半量の推進剤を積んだ機体を離陸させると、まず高度3000mまで上昇し、水平飛行に移行した後、"ゴール"に向かって西から東へと飛行したのである。彼はまず、太陽の方角である東向きに離陸し、次に太陽を背中にするように旋回して、それから降下を開始した。旋回中に翼は受光器に大きく影を作り、高度300m以下で作動するように設定されたイェーガーファウストが発射されるという段取りである。ところが、一斉発射された5cmロケット弾の反動は凄まじく、噴射でキャノピーが損傷してパイロットは頭部をひどく打ち付けてしまう事故を引き起こしたのだ。何とか着陸には成功したが、意識がもうろうとして、かなり危険な状態だった。機体の損傷率は40パーセントと見積もられ、パイロットはむち打ち症と脳震とうと診断された。（BV45は修理されたが、イェーガーファウスト搭載機としては使用されなかった）。

　この失敗にめげず、5cmロケットの試験はFw190を使って続けられた。初期の試験では発射時のショックがキャノピーを破損させたが、バレル取り付け位置を機体から見て外側にずらし、一斉発射ではなく、時間をずらして順次発射するように改造して、この問題を解決した。

　12月に実施した垂直発射兵器の試験から、まず外気が低温の時に発射するとFw190、Me163のどちらもキャノピーが破損することが判明した。また、一斉発射してしまう発射機構に問題があることも分かり、この改善はヒューゴー・シュナイダー社が持ち帰ることになった。その結果、タイマーを介した改良によって、射撃に1000分の3秒というわずかな時間差が作られることになり、射撃時の衝撃が分散された。加えて、バレルの装着位置もキャノピーからやや遠ざけられた。以上の改良を反映して、Fw190を用いて臨んだ1945年1月の飛行試験は、結果良好に終わった。

　Fw190での試験結果を受けて、Me163にも8基の5cmロケット砲を搭載することが決まった。そして実機試験が1945年2月初旬に行なわれたのである。

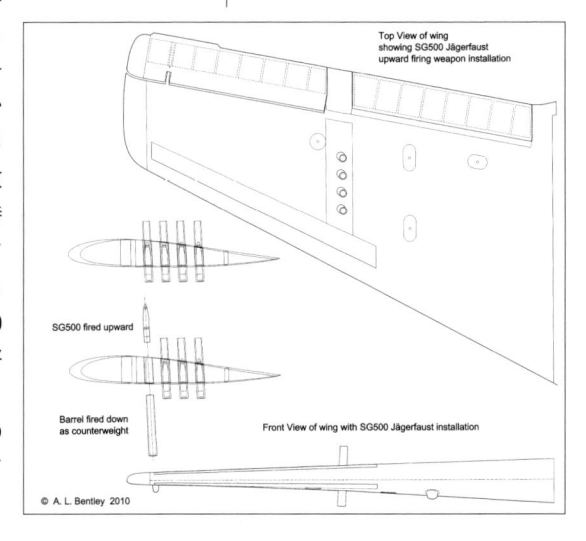

アウグスト・ハフテルは1935年11月に空軍に入っている。パイロット訓練（1937年7月〜1939年8月）を終了すると、7./StG51（後に4./StG1に改称）に配属となり、1942年11月まで同飛行中隊に在籍していた。1941年10月17日にドイツ十字章を、1942年6月6日には騎士十字章を拝受している（戦車32両、船舶3万2000トン撃沈の功績による）。1942年秋から翌年1月にかけてErg.St./StG1に所属し、1943年1月から1944年4月までは2./SG103で訓練飛行教官を務めた。1943年8月には少尉に昇進して、1944年4月にバート・ツヴィシェナーンのEKdo16に配属になった。ハフテルは1944年10月に部隊と共にブランディスに移り、12月には同地でイェーガーファウストの運用試験に携わっている。（JG400 Archive）

ブランディスの残骸の中で発見されたSG500イェーガーファウストを装備したMe163。装着実績がある3機のうちの1機だと考えられる。イェーガーファウストが装着される左主翼に残る3つの穴にかぶせるようにバルカンクロイツが描かれている。右翼にも同じようにイェーガーファウスト装着用の穴が空いているのが分かる。（JG400 Archive）

ブランディスにあった別の残骸。このMe163はイェーガーファウスト用の4ヶ所の穴が鮮明に分かる。（JG400 Archive）

■カラー塗装図　解説
著者はカモフラージュと識別コードの描き方のバリエーションに着目して、以下の機体をカラー塗装図のサンプルとして選択した。

## 1.DFS194、ペーネミュンデ、1939年11月
この無尾翼機はMe163Aに直結する先行機にあたるとみてよいだろう。1936年、ダルムシュタットのドイツ滑空航空研究所（DFS）で設計された本機は、主翼の平面図系がDFS39によく似た推進プロペラ式の機体であり、1937年6月から1938年7月にかけてゲッティンゲンの航空力学研究所にある風洞で入念に行なわれた試験を踏まえ、機体の形が決まっていった。1937年秋、DFSはこの機体、すなわちDFS194のエンジンに、キールのヘルムート・ヴァルター社で開発中のロケットエンジンを搭載するよう求められた。以降の設計変更は、アレキサンダー・リピッシュを中心に、ヨゼフ・フーベルト、フリッツ・クレーマーらの手で行なわれたが、その間の1939年1月2日に、DFSはリピッシュと共にアウグスブルクのメッサーシュミット社に吸収されている。アウグスブルク工場で完成したDFS194はペーネミュンデに運ばれ、1939年7月28日、ハイニ・ディトマーの操縦で初の滑空飛行を実施した。パワー発進は1939年10月16日から1940年11月30日にかけて行なわれ、これもパイロットはディトマーだった。

## 2.Me163A V4 Wk-Nr.1630000001（KE+SW）　ペーネミュンデ実験飛行場、1941年10月
最初にメッサーシュミット社のアウグスブルク工場で1機のプロトタイプ機が製造された。この機体の初曳航飛行は1941年2月13日にアウグスブルクで実施された。その後、機体はペーネミュンデ実験飛行場に送られ、1941年8月13日に最初のパワー発進を行なった。テストパイロットはすべてハイニ・ディトマーである。1941年10月2日の試験飛行では、ディトマーはAV4に搭乗して1003km/hを記録した。これは非公式ながら飛行機による最高速世界記録であり、この功績によりディトマーは准技術士に昇進し、航空研究への寄与も認められてリリエンタール賞が贈られた。10ヶ月後の1942年8月、AV4は同じくペーネミュンデの第16実験飛行隊（EKdo16）に引き渡され、1年後にバート・ツヴィシェナーンに移設した後も、この機体を使って訓練を重ねていた。パイロットの航空日誌によれば、バート・ツヴィシェナーンではグライダーのような滑空飛行しか行なわれていなかった。判明している限り、1944年4月がAV4の最後の飛行記録である。

## 3.Me163A V10 Wk-Nr.1630000010（CD+IO）　第16実験飛行隊、ペーネミュンデ、1943年春
車台にドリーを使った機体で、ペーネミュンデの第16実験飛行隊が試験した。ドリー採用は、ルディ・オピッツの発案である。1943年4月には、この機体はバート・ツヴィシェナーンに運搬され、パイロット訓練機として使われた（パワー発進、曳航発進の両方で）。1944年7月にはブランディスに運ばれて、Erg.St./JG400に引き渡された6機のうちの1機となった。アドルフ・ニーマイヤー中尉が指揮するこの飛行中隊は1944年11月にウーデットフェルトに移動した直後に13./EJG2と名称変更した。1944年12月、AV10は翼搭載型R4Mロケット24基（ダミー）を装着した状態での試験飛行に使われた。この機のその後は不明である。

## 4.Me163B V35 Wk-Nr.16310044（GH+IN）　第16実験飛行隊、バート・ツヴィシェナーン、1944年10月
本機はEKdo16において主にFuG25無線機の試験に用いられた。194年10月には、バート・ツヴィシェナーンからの部隊移動にともない、本機もブランディスに移動している。バート・ツヴィシェナーンにいる間に、本機は再塗装され、識別コード（C1+13）が与えられた。確認はないが、本機は1944年11月2日、テクトマイヤー伍長（EKdo16）が実戦で使用したと言われている。その翌日、テクトマイヤー伍長は本機を使って自動追尾装置の作動試験を行ない、11月5日にはEKdo16のハンス-ギュンター・ハインツェル軍曹の判断ミスで着地に失敗し、ブランディス飛行場で大破してしまった。

## 5.Me163B V45 Wk-Nr.16310054（PK+QP）　第16実験飛行隊、バート・ツヴィシェナーン、1944年5月
EKdo16で使用された機体。本機が最初に登場する記録は、1944年5月30日にバート・ツヴィシェナーンに対する第8空軍の爆撃で15パーセントの機体損傷を受けたというものなので、同飛行場に搬送されたのはそれより前だったことが分かる。

## 6.Me163B V45 Wk-Nr.16310054（C1+05）　第16実験飛行隊、バート・ツヴィシェナーン、1944年7月
1944年6月に、本機は全面的に再塗装され、識別コード（C1+05）が与えられた（5.の塗装と比較）。再塗装後は、主にアウグスト・ハフテル少尉（RK、DK）の乗機となっていた。1944年10月、本機はブランディスに移動した。1944年末には、ハフテル少尉の操縦のもとでイェーガーファウストの開発試験機として使用されている。

## 7.Me163B Wk-Nr.440014　2./JG400、フェンロー、1944年8月
ベブリンゲンのハンス・クレム航空機工場で製造された機体であり、フェンローの2./JG400に引き渡す前にイェーザウに送られ、同年7月27日にカール・フォイによる合格判定飛行が行なわれたのである。本機には識別コード（BQ+UQ）が割り当てられていたが、おそらくこの機体には描かれたことはないと思われる（イェーザウに送られたクレム製の一部の機体はブルー／グレー塗装の上に識別コードも描かれ、それ以外の機体は斑紋塗装だけされて、識別コードは描かれていなかった）。

## 8.Me163B-0 Wk-Nr.190598 "白の10" 1./JG400、ブランディス、1945年2月
製造番号から判断すると、この機体はユンカース社が製造を請け負ったMe163B初回生産バッチ29機のうちの1機ということになる。仕上げはユンカース社の子会社、オラニエンブルクのアウトニーンホフ社が担当している。ハンス-ルートヴィヒ・レッシャー少尉の航空日誌によって、1945年2月、ブランディスの1./JG400にてこの機に搭乗していたことが判明している。

## 9.Me163B "白の14" 1./JG400、ブランディス、1945年2月
迷彩塗装のパターンからクレム社製の機体であることが分かる。製造番号は垂直尾翼の基部、ラダーの前に小さく描かれているが、正確に判別、解読できる写真が無く、実際の製造番号は分からない。"白の10"は、1./JG400の部隊エンブレム"空飛ぶノミ"を描いた数少ない機体である。エンブレムは左側に機首にのみ描かれている。

## 10.Me163B "白の14" 1./JG400、ブランディス、1945年3月
JG400に配備されている間に、本機は斑紋迷彩に塗り直されている。その際に"空飛ぶノミ"のエンブレム装飾も塗りつぶされ、中隊の識別コードである数字の"14"も淡い印象になるよう考慮された。本機はブランディスでの訓練風景を撮影した映像に収められている。

## 11.Me163B V52 Wk-Nr.163100061（GH+IU）"黄の1" 7./JG400、シュテッティン-アルトダム、1944年10月
本機はメッサーシュミット社で製造され、イェーザウでクレム社が仕上げを担当した。その後、ヴィトムントハーフェンに送られた本機は、1944年5月11日にカール・フォイの操縦で合格判定試験が行われ、それから1./JG400に引き渡された。6月には、同飛行場のルドルフ・ツィンマーマン軍曹の操縦で飛行したことが判明している。ツィンマーマン軍曹と共にブランディスに移動すると、本機は7./JG400の所属機となり、1944年10月には中隊と一緒にシュテッティン-アルトダムへと移動した。"黄の1"は7./JG400の飛行中隊長ラインハルト・オピッツ少尉の乗機となり、1945年4月にはノルトホルツ、フースムと移動を繰り返していた。本機は実戦を経験していない。

## 12.Me163B "黄の2" 7./JG400、フースム、1945年5月
過去の識別コードおよび運用記録が一切不明の機体。フースムで撮影された。

## 13.Me163B Wk-Nr.191329 "黄の7" 7./JG400、フースム、1945年5月
1945年3月から4月にかけて、7./JG400の飛行中隊長ラインハルト・オピッツ少尉と、ヘルベルト・フレーメルト中尉によって操縦された。本機は実戦を経験していない。

## 14.Me163B "白の42" IV./EJG2、エスペルシュテット、1945年5月
過去の識別コードおよび運用記録が一切不明の機体。エスペルシュテットにて他のIV.EJG2の所属機と共にアメリカ軍に発見され、メルゼブルクに設けられた鹵獲機集積場まで大型トラックで牽引された。その後、カッセル-ロートヴェステン経由で、アメリカのインディアナ州シーモアにあるフリーマン陸軍航空基地まで運ばれた。中隊エンブレムの"流れ星"は機首の左右、鏡合わせの位置に描かれている。本機はMG151/20機関砲を装備していて、テールコーンにはフェアベントを装着、また斑紋迷彩を見る限り、クレム社製の初期プロトタイプ機だった可能性が高い。

## 15.Me163S 飛行研究所、モスクワ、1945年秋
過去の識別コードおよび運用記録が一切不明の機体。ソ連軍がベルリンのシュターケンで鹵獲した機体と考えられる。当地のドイツ・ルフトハンザAGではMe163Bをベースに複座化して訓練機に改装する作業を行なっていたようだ。ソ連軍はこの複座型機を7機入手したといわれ、うち1機はTsAGIの大型風洞で試験に使われた。この"94号"を含む他の機体は、モスクワの飛行研究所で滑空飛行試験に使われたという報告がある。このMe163Sはオラニエンブルクあるいはラングスドルフにてカール・フォイが搭乗後、1./JG400のボット少尉とファルダーバウム大尉、2./JG400のゲルハルト・シュトーレ、フランツ・カルト2人の上等兵がブランディスで乗り、ベルンハルト・ホフマン、テオドール・エルプがペーネミュンデ実験飛行場で搭乗したことが記録されている。1945年4月16日、ブランディスを占領したアメリカ軍が検分した残骸の中にMe163Sは見つかっていない。

## ■参考文献

【アレキサンダー・リピッシュについて】

Lippisch,A.M.,Erinnerugen(Lustfahrtverlag Axel Zuerl,Steinebach-Wörthsee,1978)

Lippish,A.and Trenkle,F.,Ein Dreieck flight. Die Entwicklung der Delta-Flugzeuge bis 1945(Motorbuch Verlag, Stuttgart,1976).[Translation: The Delta Wing. History and Development(Iowa State University Press,Ames,Iowa,1981)]

Lippisch,A., Über die Entwicklung der schwanzlosen Flugzeuge[The Development of tailless Aircraft],' DAL Report 1064/43 gKbos, Schriften der deutschen Akademie der Luftfahrtforschung(DAL),Berlin, 1943.

Woods,R.J.(ed),'Survey of Messerschmitt Factory and Functions,Oberammergau,Germany,'Air Technical Intelligence Report F-IR-6-RE,Air Materiel Command,Wright Field,Dayton,Ohio,a August 1946.

【Me163について】

Späte,W.and Bateson,R.P.,Messerschmitt Me 163 Komet(Profile 225,Profile Publications Ltd,Windsor,Berkshire,1971).

Ethell,J.L.,Komet.The Messerschmitt 163(Ian Allan Ltd,London,1978). [Translation:Meserischmitt Komet.Entwicklung und Einsatz des ersten Raketenjägers(Motorbuch Verlag,Stuttgart,1980)].

Ethell,J.L.and Price,A.The German Jets in Combat(Jane's Publishing Company,London,UK,1979).

Späte,W.,Der streng geheime Vogel.Erprobung an der Schallgrenze(Verlag für Wehrwissenschften,Munich,1983).[Translation: Top Secret Bird. The Luftwaffe's Me-163 Comet(Pictorial Histories Publishing Co,Missoula,Montana,1989)]

「ドイツのロケット彗星　Me163実験飛行隊、コクピットの真実」ヴォルフガング・シュペーテ、高瀬明彦訳、大日本絵画、1993年。

Butler,P.H.,War Prizes: An illustrated survey of German,Italian and Japanese aircraft brought to Allied countries during and after the Second World War(Midland Counties Publications,UK,1998)

(-),'Me 163-B.Kurze technische Beschreibung,Leistungen,'Memorandum 4042/44 g.Kdos.,from the office of the General der Jagdflieger,Berlin-Kladow,19 August 1944.

【第400戦闘航空団、同予備飛行中隊、第2予戦闘航空団/第Ⅳ飛行隊】

(-),'Stand der Aufstellung der Verbände Me 163,' Memorandum 4045/44 g.Kdos.from the office of the General der Jagdflieger,Kladow-Hottengrund,19 August 1944.

Von Criegern,-,'Aufstellung 4./J.G.400,' File No.Az.11b16.10, Memorandum No.12871/44 g.Kdos.,Headquarters OKL,Generalquartiermeister,4 September 1944.

Galland,A.,Memorandum concerning operational readiness of Me 163,No.4041/14 g.Kdos.,Berlin-Kladow,8 September 1944.

Galland,A.,'Vollmacht,' Memorandum 5045/44 g.Kdos.,OKL General der Jagdflieger,Berlin-Kladow,14 October 1944.

Von Criegern,-,'Aufstellung von Geschwaderstäben bzw.Jagdstaffeln,'File No.Az.11b16.10,Memorandum No.15075/44 g.Kdos.,Headquarters OKL,Generalquartiermeister,27 December 1944.

Generalquartiermeister Lw,6.Abteilung,'Bestandsmeidungen Jagdverbände(Erg.)für November und Dezember 1944,' no place,no date.

Generalquartiermeister Lw,6.Abteilung,'Lagekarten,,Aufmarsch der Luftverteidigungsverbände der Luftwaffe' für den Zeitraum 26.07.1944-27.02.1945.'

Von Criegern,-,'Auflösung Stab J.G.400,' File No.Az.11b16.10,Memorandum No.1017/45 g.Kdos.,Headquarters OKL,Generalquartiermeister,7 March 1945

(-),'Einsatzflughafen Esperstedt der deutschen Luftwaffe 1935 bis 1945,in Kelbraer Heimatgeschichtshefte,Heft Nr.5(Graphischer Kunstverlag 'Kyffhäuser,'Kelbra,1995).

DITTMANN, F., Der Einsatzflughafern Esperstedt der deutschen Luftwaffe 1935 bis 1945, in Kelbraer Heimatgeschichtshefte, Heft Nr.5 (Graphischer Kunstveriag 'Kyffhäuser,' Kelbra, 1995).

【Me163の実戦運用】

Walter,E.,''Kill' successes with the Me 163,'MoS TIL Translation TP 218a,no date.

Anon,'Enemy Jet Propelled Aircraft,'Report D-Z-63,Headquqrters 2nd Bombardment Division,25 Augurt 1944.

Anon,'German jet propelled aircraft. Analysis of their tactics,types,and bases of operation,'Report,Headquarters 65th Fighter Wing,24 November 1944.

Drew,R.B.,'Third Allied Intelligence Report on German Jet Operations,' Allied Intelligence Report,ca.February 1945.

【アメリカ陸軍航空軍の作戦】

USAAF 8th Air Force Intops Summaries: 28 Jul 44(No.89),29 Jul 44(90),16 Aug 44(108),24 Aug 44(116),11 Sep 44(134),12 Sep 44(135),13 Sep 44(136),28 Sep 44(151),5 Oct 44(158),7 Oct 44(160),2 Nov 44(186),25 Nov 44(209),30 Nov 44(214),12 Dec 44(226),6 Feb 45(282),9 Feb 45(285),15 Feb 45(291),2 Mar 45(306),3 Mar 45(307),26 Mar 45(330),31 Mar 45(335).

【飛行場】

Anon,'Development of Airfields for Me 163a and Me 262s.'AI2(b) Report,14 October 1944.

Reinicke,J.,Chronik des Flugplatzes Zwischenahn(Cramer-Druck,Buchdruckerei Eberhard Ries,Westerstede,1986).

Ries,K. and Wolfgang Dierich,W.,Fliegerhorste und Einsatzhäfen der Luftwaffe - Planskizzen 1935-1945(Motorbuch-Verlag,Stuttgart,1993).

Stüwe,B.,Peenemünde-West(Bechtle Verlag,Esslingen,1995).

Ransom,S.,Zwischen Leipzig und der Mulde.Flugplatz Brandis 1935-1945(Stedinger Verlag,Lemwerder,Germany,1996).

【武装】

Thaler,A.,Sonderauftrag Senkrechtwaffen,Memorandum,637/44 g.Kdos.,from EKdo16 Waldpolenz to KdE Rechlin 30 November 1944.

Grosholz,-,Ref.Jägerfaust trials,Memorandum,2313/44 g.Kdos.,from KdE Rechlin to OKL genst.Gen.Qu.6.Abt.IA Berlin,6 December 1944.

Grosholz,-,Ref.'Monatsbericht Nov.,'Memorandum,2734/44 g.Kdos.,from KdE Rechlin to EKdo16,8 December 1944.

Dahl,-,'Wochenberichit von 4.12.-10.12.44,' Telex,1823/44 geh.,from EKdo16 Waldpolentz to KdE Rechlin,11 December 1944.

Schliephake,H.,Flugzeugbewaffnung. Die Bordwaffen der Luftwaffe von den Anfängen bis zur Gegenwart (Motorbuch Verlag,Stuttgart,1977).

RdL and ObdL,MK 108 3㎝ -Flugzeugmaschinenkanone 108,Waffenhandbuch(Stand Oktober 1943),Document No D.(Luft) T.6108,Technisches Amt GL/C,Berlin,25 October 1943.

Appendix 2,Ekdo16 Monthly Report,Brandis,5 January 1945.

RCAF Operational Records,6th Group,10 April 1945.

The RCAF Overseas. The Sixth Year,pp.162-163.

Operational Record Book,309(Polish)Squadron RAF,10 April 1945.

◎訳者紹介 | 宮永忠将

上智大学文学部卒業。東京都立大学大学院中退。シミュレーションゲーム専門誌「コマンドマガジン」編集を経て、現在、歴史、軍事、科学関係のライター、翻訳、編集などで活動中。オスプレイ"対決"シリーズや"世界の戦車イラストレイテッド"シリーズなど、訳書多数を手がけている。

オスプレイ軍用機シリーズ　57

## 第400戦闘航空団
ドイツ空軍世界唯一のロケット戦闘機
その開発と実戦記録

| | |
|---|---|
| 発行日 | 2011年9月22日　初版第1刷 |

| | |
|---|---|
| 著者 | ステファン・ランサム、ハンス=ヘルマン・カムマン |
| 発行者 | 小川光二 |
| 発行所 | 株式会社 大日本絵画<br>〒101-0054　東京都千代田区神田錦町1丁目7番地<br>電話：03-3294-7861<br>http://www.kaiga.co.jp |
| 編集・DTP | 株式会社 アートボックス<br>http://www.modelkasten.com |
| 装幀 | 八木八重子 |
| 印刷/製本 | 大日本印刷株式会社 |

© 2010 Osprey Publishing Ltd
Printed in Japan
ISBN978-4-499-23061-2

Jagdgeschwader 400
Germany's Elite Rocket Fighters

First published in Great Britain in 2010 by Osprey Publishing,
Midland House, West Way, Botley, Oxford OX2 0PH, UK
All rights reserved.
Japanese language translation
©2011 Dainippon Kaiga Co., Ltd

内容に関するお問い合わせ先：03(6820)7000　㈱アートボックス
販売に関するお問い合わせ先：03(3294)7861　㈱大日本絵画